KB263953

SUPER
GRAIN
RECIPE

# SUPER GRAIN RECIPE

귀리<br>
키노아<br>
렌틸콩<br>
치아시드<br>
병아리콩<br>
아마시드<br>
아마란스<br>
와일드라이스를<br>
맛있게

# 슈퍼 곡물 레시피

문인영 지음

중앙 books<br>JoongAng Ilbo

# 시나브로 건강해져가는 일상

요즘 슈퍼 곡물이 인기입니다.
외국에서 주로 재배되어 이제 막 국내에 알려지기 시작한 재료들이라
신기하기도 하고 아직은 낯설기도 한 재료들입니다.

그런데 좋다고들 하니 한가득 사다 쟁여놓기는 하였는데
밥 해먹고 삶아 먹는 것 말고는 딱히 방법을 몰라
어느새 주방 한구석에 묵혀두기 일쑤입니다.

그래서야 세상에 아무리 좋은 것이라 해도 소용이 없겠지요.
그래서 몸에 좋은 슈퍼 곡물들,
쉽고 다양하게, 질리지 않고 꾸준히 섭취할 수 있는
방법을 알려드리고자 이 책을 내게 되었습니다.

물론 우리가 이제껏 익숙하게 먹어온 곡물들도
충분히 좋은 영양소를 지니고 있어요.
이 책은 우리에게 익숙한 곡물들보다
슈퍼 곡물이 훨씬 우월하다는 이야기를 하고자 함이 아닙니다.

다만 새롭게 알게 된 재료들이
우리의 식탁에 신선한 바람을 불어 넣어주고
그래서 조금 더 즐겁게

건강한 식생활을 꾸리는 데 도움이 된다면
지혜롭게 활용하는 것이 좋다고 생각합니다.

기존의 재료들을 모두 버리고 확 바꾸는 것이 아니라
평소 즐기던 재료들과 더불어
조금씩 첨가하고 조금씩 빼고 조금씩 바꾸어도 보면서
자연스럽게 영양 밸런스를 맞추어 보시길 바랍니다.

매일 먹는 쌀밥 대신 키노아 밥을,
건강을 위해 먹는 현미밥이 지겨울 땐 귀리 볶음밥을,
습관처럼 뿌리는 깨 대신 아마란스를,
이런 식으로 작은 부분부터 변화를 주면서
조금 더 다채롭고 재미있게, 그리고 맛있게
오늘의 식탁을 꾸며 보셨으면 합니다.

'시나브로'라는 말이 있지요.
'모르는 사이에 조금씩 조금씩'이라는 뜻입니다.

슈퍼 곡물이라는 생소한 재료를
일상 속에서 자연스럽게 활용하고
그래서 여러분의 요리 생활이 조금 더 즐거워지고
그 과정을 통해 몸도 마음도 시나브로 건강해지고
그래서 우리 모두가 조금 더 행복한 삶을 살아가는 데에
이 책이 한 톨의 소금 같은 역할을 했으면 좋겠습니다.

2015년 봄을 기다리며
문인영

*Super Grain!*

Basic info.

# 슈퍼 곡물에 대해
# 알아보기

Lentil

Quinoa

Flax Seed

Amaranth

Chia Seed

Oat

Wild Rice

Chick Pea

매 일 매 일   건 강 하 고   맛 있 게

모르는 사이에 조금씩 조금씩

# 슈퍼 곡물에 대해 알아보기

# Super Grain!

우리에겐 아직 생소한 슈퍼 곡물들. 요리를 시작하기 전에 우선 슈퍼 곡물들에 대해 알아보기로 해요. 아무리 좋은 약이라도 알고 먹어야 진짜 약이 되는 법!

Super Grain
oat
quinoa
lentil
chick pea
flax seed
chia seed
wild rice
amaranth

# 지금 세계는 슈퍼 곡물 열풍

키노아? 렌틸콩? 치아시드? 아마시드? 아마란스? 와일드라이스? 유명하다고는 하지만 아직은 낯선 이름들. 슈퍼 곡물, 왜 이렇게 인기인 걸까요?


## 슈퍼 곡물이란?

다른 식품에 비해 영양소와 항산화 성분이 풍부해 몸의 면역력을 높여주는 식품을 흔히 '슈퍼 푸드(Super Food)'라고 합니다. 토마토, 시금치, 브로콜리, 연어, 마늘, 블루베리 등이 대표적인 슈퍼 푸드이지요.

최근에는 다른 곡물들에 비해 영양소와 항산화 성분이 풍부한 이른바 '슈퍼 곡물(Super Grain)'들이 각광받고 있어요. 미국, 유럽, 일본을 중심으로 인기를 끌고 있는데 최근 우리나라에도 그 효과가 알려지면서 급부상하고 있지요.


## 슈퍼 곡물 8총사를 소개합니다

자, 이제 딱 머릿속에 새겨주세요. 귀리, 키노아, 렌틸콩, 병아리콩, 아마란스, 치아시드, 와일드라이스, 아마시드가 바로 지금 가장 핫한 슈퍼 곡물들! 저마다 각각 성분 차이가 있기는 하지만 우리가 일반적으로 먹는 쌀(백미), 보리, 밀 등에 비해 단백질, 비타민, 미네랄, 식이섬유 등이 풍부하다는 것은 공통적입니다.

바쁜 일상과 불규칙한 식사, 잦은 외식 등으로 '풍요 속 영양 결핍'을 겪고 있는 현대인들에게 적은 양으로 풍부한 영양소를 섭취할 수 있도록 도와주는 슈퍼 곡물들은 더할 나위 없이 반가운 존재일 수밖에요.

### 쌀 대체식으로 급부상

밥을 주식으로 하는 한국인에게 슈퍼 곡물들은 더
더욱 의미가 있습니다. 요즘은 당질 섭취를 줄이기
위해 밥에서 '쌀'의 비중을 되도록 줄이려고 노력
하는 분들이 많으시지요. 쌀보다 영양 밸런스가 좋
은 슈퍼 곡물들은 쌀 대체식으로서 혹은 쌀과 혼
식하기에 아주 좋아요.

그리고 곡물 위주의 식사를 하는 동양인들은 단백
질 식품에서 얻어야 하는 필수 아미노산이 부족한
경우가 많은데, 곡물을 통해 양질의 단백질을 보다
많이 섭취할 수 있다는 점에서도 중요한 의미가
있습니다.

### 슈퍼 곡물로 면역력을 높여주세요

현대인들은 스트레스, 과로, 과음, 만성 피로, 수면 부족, 잘못된 식습관 등으로 인해 면역력
이 떨어져 있는 경우가 많습니다. 문제가 무엇인지는 알고 있지만, 바쁘게 살다 보면 따로
건강 관리하기가 참 쉽지 않지요. 그래서 보상심리 같은 마음으로 비싼 보양식이나 영양제
를 챙겨먹곤 합니다만, 중요한 것은 그런 것들이 아니라 일상 식사에서 자연스럽게 영양 밸
런스를 맞춰주는 것이죠.

필요한 영양소가 고루 갖춰지면 면역력은 자연스럽게 생기고 각종 스트레스 상황이 발생해
도 몸은 그에 대항할 수 있게 됩니다. 적은 양으로 다양한 영양소를 섭취할 수 있는 슈퍼 곡
물들을 이용하면 좀 더 간편하게 영양 밸런스를 맞출 수 있을 거예요.

### 곡물 요리는 맛이 없다는 편견을 버려요

슈퍼 곡물들은 일단 '곡물'이니 기본적으로 고소한 맛을 가지고 있어요. 하지만 세밀하게
맛을 보면 저마다 개성 있는 식감과 특유의 풍미를 가지고 있어서 씹을수록 더 깊은 맛이
느껴진답니다. 먹을수록 중독될 수밖에 없는 그 맛!

쌀과 섞어 잡곡밥처럼 먹어도 맛있지만, 그 외에도 활용도가 무궁무진하답니다. 맛과 향이
자극적이지 않으니 다른 재료들과도 잘 어울리거든요. 쌀 이외의 곡물들은 대개 식감이 나
쁘고 맛이 없다는 편견을 이제는 버려주세요. 앞으로 슈퍼 곡물들이 펼치는 요리쇼를 보며
그 매력을 직접 확인하게 되실 거예요.

<h1 style="text-align:center">슈퍼 곡물 효과<br>SUM UP</h1>

### 식물성 단백질과 아미노산 풍부

쌀, 밀 등 우리가 주식으로 섭취하는 다른 곡물과 비교했을 때 같은 무게에서 더 많은 단백질을 얻을 수 있습니다. 식사가 불균형한 직장인, 단백질 섭취가 중요한 채식주의자와 성장기 어린이들에게 아주 유용합니다.

### 비타민, 각종 미네랄과 항산화 성분 풍부

현대인들이 겪는 영양 결핍은 내부분 비타민과 각종 미네랄이 부족해서 생기는 경우가 많아요. 슈퍼 곡물들을 꾸준히 먹으면 영양 밸런스를 잘 챙길 수가 있습니다.

### 당뇨 예방에 도움

한국인은 밥을 주식으로 하기 때문에 당을 과다 섭취할 위험이 높지요. 한국인의 고질병 중 하나가 바로 당뇨병! 건강 생각해서 먹는 현미밥이 이제 좀 질린다면 새로운 대안, 슈퍼 곡물들을 떠올려주세요.

### 풍부한 식이섬유로 곡물 디톡스

디톡스의 필수 요소인 식이섬유! 슈퍼 곡물들은 풍부한 식이섬유를 함유하고 있기 때문에 나쁜 콜레스테롤이 혈관에 쌓이는 걸 막는 데 도움을 줘요. 혈관을 맑게 해주기 때문에 심혈관계 질환 예방에도 도움이 됩니다.

### 곡물은 다이어트의 적? NO!

흔히 다이어트의 기본 수칙으로 밥이나 밀가루의 섭취량을 줄이라고 말하죠. 사실 칼로리 면에서 보면 슈퍼 곡물이나 쌀, 밀가루나 큰 차이는 없습니다. 종류에 따라 칼로리가 조금 낮기도 하지만 비슷하거나 좀 더 높은 경우도 있어요.

하지만 슈퍼 곡물들은 쌀이나 밀가루에 비해 오래 씹어야 하기 때문에 포만감이 빨리 와서 결과적으로 섭취량은 줄어들게 됩니다. 섬유소가 풍부해 배변 활동이 원활해지고 각종 영양소와 미네랄이 신체 활동을 원활하게 하기 때문에 피부는 더욱 좋아지게 되지요. 즉 쌀, 밀가루와 같은 탄수화물 식품이기는 하지만 다이어트의 적은 결코 아니란 말씀. 오히려 날씬하고 예뻐지는 데 필수랍니다.

### 글루텐 프리 식품

일부 학자에 따르면 밀가루 속의 글루텐이 몸속에서 알레르기를 일으켜 각종 질병을 유발한다고 합니다. 슈퍼 곡물 중 키노아와 아마란스, 치아시드, 아마시드에는 글루텐이 함유되어 있지 않아요. 그래서 밀이 주식인 서구권에서 특히 인기가 높지요. 글루텐 프리 식품을 찾고 계셨다면 주목해주세요.

세계 10대 슈퍼 푸드 중 유일한 곡물

# 귀리

2002년 미국 〈타임〉지에서 10대 슈퍼 푸드를 선정한 바 있어요. 블루베리 등 우리가 흔히 알고 있는 슈퍼 푸드들이 바로 그것인데, 슈퍼 곡물 중 유일하게 귀리가 그 안에 들어갔답니다.

## 포만감이 좋은 귀리

얼마 전 모 TV 프로그램에서 가수 장윤정이 출산 후 '귀리(오트밀) 다이어트'로 15kg을 감량했다고 알려져 화제를 모으기도 했어요. 제시카 알바, 캐머런 디아즈 등 할리우드 배우들이 애용하는 건강 다이어트 식품으로도 유명하지요.

귀리의 원산지는 중앙아시아 아르메니아 지역인데 현재는 미국, 캐나다, 프랑스 등지에서 주로 생산되고 있어요. 국내에서도 일부 생산되고 있지요.

## 주요 영양소

귀리는 식물성 단백질과 필수 아미노산은 물론이고 비타민 B1, B2가 풍부해요. 단백질은 백미의 2.8배, 섬유질은 11배 수준입니다. 귀리 속의 베타글루칸은 혈중 콜레스테롤 수치를 낮춰주고 면역력을 높여주며 체지방 축적을 억제하는 데 도움을 줍니다. 베타글루칸은 암 세포 증식을 억제하는 효과가 있다고도 알려져 있습니다. 그 외에도 라이신, 칼슘, 마그네슘, 아연 등 각종 미네랄이 풍부합니다.

## 현미처럼 사용하세요

귀리는 현미처럼 조리하면 됩니다. 백미에 비해 느리게 익기 때문에 익히는 시간과 뜸 들이는 시간을 조금 더 길게 해주어야 합니다. 섬유질이 많아 다소 질긴 식감이 느껴지지만, 현미처럼 까슬까슬하다기보다는 쫄깃한 느낌에 가깝고 씹을수록 고소함이 느껴지기 때문에 누구나 부담 없이 먹을 수 있어요. 밥이나 부드러운 죽으로 활용하기 좋고 샐러드 토핑으로도 매력적이에요. 쿠키, 과자 등 베이킹 재료로도 아주 좋아요.

## 간편하게 활용할 수 있는 오트밀

귀리를 익혀 납작하게 만든 것을 '오트밀(Oat meal)'이라고 하는데 서양에서는 뜨거운 물이나 우유와 섞고 견과류, 과일 등을 곁들여 간단한 식사로 먹는답니다. 우리나라 대형마트, 인터넷을 통해서도 구입할 수 있어요. 오트밀은 이미 익힌 상태라 요리에 이용하기 편리해요. 주방에 오트밀을 구입해 두고 그때그때 간편하게 활용해 보세요. 특히 베이킹에 활용하기 좋아요.

**쌀과 영양 비교**(100g 기준)

| | 귀리 | 쌀(백미) | 비고 |
|---|---|---|---|
| 식이섬유 | 11g | 0.96g | 쌀의 11배 |
| 단백질 | 17g | 6.06g | 쌀의 2.8배 |
| 비타민B2 | 0.1mg | 0.03mg | 쌀의 3.3배 |
| 아연 | 4.0mg | 1.50mg | 쌀의 2.6배 |
| 칼로리 | 389cal | 372kca | |
| 그 외에 주목할 만한 영양소 | 티아민 0.8mg, 마그네슘 177mg | | |
| 주요 효과 | 면역력 강화, 다이어트, 콜레스테롤 감소 | | |

LENTIL

뷰티와 건강을 동시에 잡는다

# 렌틸콩

렌틸콩이 그야말로 선풍적인 인기입니다. 미국 건강 전문지 〈헬스(Health)〉는 지난 2006년 세계 5대 건강 식품으로 렌틸콩을 뽑았답니다.

## 렌틸콩 다이어트 들어보셨지요?

렌틸콩은 인도, 네팔 등지에서 일상적으로 섭취하는 식재료이지요. 기원전 6000년경부터 식재료로 활용되었다고 알려져 있고 서남아시아와 지중해 연안에서 주로 재배되고 있습니다.

우리나라에서 렌틸콩이 인기를 얻고 있는 데는 가수 이효리의 역할이 크지요. 그녀가 먹는 렌틸콩 샐러드가 블로그에 등장해 화제가 되었고 이후 렌틸콩 판매가 급상승했다고 합니다. 개그맨 양혜림 역시 렌틸콩 다이어트로 12kg을 감량해 눈길을 끌었습니다.

## 주요 영양소

렌틸콩은 단백질 이외에 철분 역시 많이 함유되어 있어요. 렌틸콩 1컵이면 일일 권장량의 반 정도를 채울 수 있답니다. 임산부에게도 추천할 만해요. 태아에게 좋은 비타민B와 엽산이 풍부하거든요. 하지만 트립신 저항 기질을 가지고 있어 소화가 잘 안 될 수도 있어요. 한 번에 너무 많이 섭취하지 않도록 주의하는 것이 좋습니다.

## 녹두와 비슷한 맛

렌틸콩은 녹두 같은 맛과 특유의 은은한 향을 가지고 있어요. 달고 고소한 맛이 있어서 누구나 맛있게 먹을 수 있습니다. 대중적인 맛을 가지고 있는 것도 인기 요인 중 하나가 아닐까 싶네요.

## 다양한 색깔이 있어요

렌틸콩은 갈색, 노란색, 녹색, 주황색이 있는데 시중에서 가장 쉽게 구할 수 있는 것은 갈색 렌틸콩입니다. 20∼30분 정도면 익기 때문에 쌀처럼 씻어 활용하면 됩니다. 녹색, 노란색 렌틸콩은 30∼40분 정도는 익혀주는 것이 좋아요. 주황색 렌틸콩은 갈색 렌틸콩을 도정한 것으로 식이섬유는 다소 적은 편입니다. 두께가 얇아 다른 렌틸콩보다 빨리 익으니 10분 정도만 가열하는 게 좋아요.

렌틸콩은 커리나 무거운 수프 등 농도가 짙은 국물 요리에 잘 어울려요. 떡갈비, 햄버거 등 고기 요리와도 잘 맞기 때문에 고기 양을 줄여 요리하고 싶을 때 유용합니다. 주황색 렌틸콩은 익으면 형태가 사라져 버리기 때문에 수프나 퓨레 등에 활용하기 좋아요.

**쌀과 영양 비교**(100g 기준)

|  | 렌틸콩 | 쌀(백미) | 비고 |
| --- | --- | --- | --- |
| 식이섬유 | 30g | 0.96g | 쌀의 31배 |
| 단백질 | 26g | 6.06g | 쌀의 4.2배 |
| 엽산 | 479mcg | 3.60mcg | 쌀의 133배 |
| 철분 | 7.5mg | 1.30mg | 쌀의 5.8배 |
| 칼로리 | 353kcal | 372kca | |
| 그 외에 주목할 만한 영양소 | 티아민 0.9mg, 비타민B6 0.5mg, 마그네슘 122mg, 아연 4.8mg | | |
| 주요 효과 | 빈혈 예방, 임산부 건강, 혈관 건강 | | |

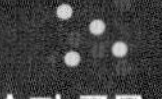

# 키노아

세계의 트렌드가 집중되는 뉴욕. 요즘 뉴욕에서 가장 핫한 재료는 키노아랍니다. 미국인들의 건강 밥상 재료 1위로 손꼽히고 있는 키노아. 자세히 들여다보면 그럴 만하다는 생각이 듭니다.

## 잉카에서 온 곡물의 어머니

키노아는 고대부터 페루, 칠레, 볼리비아 등 안데스 고원에서 재배해온 곡물입니다. 잉카어로 '곡물의 어머니'란 뜻이라고 하네요.

키노아가 선풍적인 인기를 끌고 있는 가장 큰 이유는 바로 단백질 때문입니다. 키노아 함유 성분의 16~20%가 바로 단백질이에요. 하지만 함유량 자체가 의미가 있다기보다는, 모든 필수 아미노산이 균형을 이루고 있다는 점이 더 중요합니다. 그래서 "우유를 대체할 수 있는 완전한 식품"이라 칭찬받고 있기도 하지요.

## 주요 영양소

해독의 필수 요소인 식이섬유가 풍부한 것은 물론이고 좋은 지방인 오메가3와 오메가9도 들어 있어요.

키노아가 각광받고 있는 또 하나의 이유는 바로 글루텐과 나트륨이 제로라는 점. 저염 밥상에 신경 쓰는 분들이나 글루텐 알레르기, 아토피, 소화불량이 고민인 분들이 안심하고 사용할 수 있는 식재료라 하겠습니다.

## 수수처럼 활용하세요

키노아는 슈퍼 곡물 중에서 가장 친근한 맛과 식감을 가지고 있어요. 찰기가 없고 식감이 아주 부드럽기 때문에 아이들이나 노년층이 먹기에도 부담이 없어요. 크기는 쌀알의 ¼ 정도로 수수와 비슷한 느낌이에요.

알갱이가 작아 빨리 익기 때문에 조리하기도 쉬워 활용도가 높습니다. 단, 알갱이가 작기 때문에 씻은 후 물기를 뺄 때는 아주 고운 체를 이용해야 해요.

모든 요리에 응용 가능하고 샐러드, 파스타 등 서양식 요리에 특히 잘 어울립니다. 죽은 물론이고 이유식에도 쓰기 좋아요.

## 볶은 키노아, 발아 키노아도 편리해요

키노아는 검은색, 붉은색, 흰색이 있는데 색깔만 다를 뿐 맛이나 영양은 큰 차이가 없어요. 시중에 '볶은 키노아'도 판매되고 있는데 이미 익힌 상태이니 조리 시 편리합니다. '키노아 크리스피'라고 해서 바삭하게 과자처럼 튀긴 형태도 있는데 시리얼이나 샐러드, 요거트 등에 넣어 먹으면 좋아요. '발아 키노아'는 가격은 조금 더 비싸지만 식감과 영양이 더 우수하다는 장점이 있습니다.

**쌀과 영양 비교**(100g 기준)

| | 키노아 | 쌀(백미) | 비고 |
|---|---|---|---|
| 식이섬유 | 7g | 0.96g | 쌀의 7배 |
| 단백질 | 14g | 6.06g | 쌀의 2.3배 |
| 비타민E | 2.4mg | 0.40mg | 쌀의 6배 |
| 칼슘 | 47.0mg | 14.0mg | 쌀의 3.3배 |
| 칼로리 | 368kcal | 372kca | |
| 그 외에 주목할 만한 영양소 | 철분 4.6mg, 마그네슘 197mg | | |
| 주요 효과 | 두뇌 활성화, 노화 방지, 면역력 강화 | | |

QUINOA

CHIA SEED

요즘 건강 미인들은 모두 이것을 먹는다

# 치아시드

새로운 다이어트 식재료의 대명사. 요즘 미녀 스타들은 대부분 이것을 먹는다고 해도 과언이 아닌 것 같아요. 젊은 여성층을 중심으로 치아시드는 이미 널리 사랑을 받고 있지요.

## 나도 미란다 커처럼

치아시드는 '치아'라는 식물의 씨앗이에요. 고대 아즈텍인과 마야인들이 영양 보충을 위해 섭취했다고 하네요. 세계적인 모델 미란다 커가 아침마다 마시는 해독주스에 치아시드를 넣는 동영상이 퍼지면서 치아시드의 명성은 날개를 단 듯합니다.

우리나라의 연예인들도 건강과 미용을 위해 치아시드를 먹는다는 것이 방송을 통해 자주 소개되었어요.

## 주요 영양소

치아시드는 단백질, 섬유질, 칼슘, 오메가3, 마그네슘 등 각종 영양소가 풍부해서 '남미의 완전식품'이라 불립니다. 치아시드 1큰술이면 우유 1컵보다 더 많은 칼슘을 얻을 수 있어요. 치아시드 역시 글루텐 프리 식품이어서 속을 편안하게 해주지요.

## 불리거나 깨처럼 활용하세요

치아시드는 흰색과 검은색이 있는데, 검은색이 좀 더 보편적이지요. 영양의 차이는 크게 없습니다.

치아시드는 5배 이상의 물에 15분 이상 불린 후 먹는 것이 좋아요. 하룻밤 이상 불리면 더 몽글몽글해지니 취향에 따라 불리는 시간을 조절할 수 있어요. 물에 불리면 개구리알처럼 끈적끈적한 막이 생기고 부피가 늘어납니다. 물에 불린 치아시드는 냉장고에서 3~4일 정도까지 보관할 수 있어요.

특별한 맛과 향이 없기 때문에 어떤 요리에든 활용할 수 있는데 요거트의 토핑으로 얹거나 시리얼, 푸딩 등에 활용하면 좋아요. 우유나 주스에 넣어 불려먹는 것도 일반적이지요. 불려서 먹는 것이 싫을 경우에는 각종 요리에 깨처럼 뿌리거나 베이킹에 활용하세요.

## 생으로 많이 섭취하는 건 금물

치아시드는 물을 흡수하는 성질이 있기 때문에 부피가 쉽게 늘어나요. 그래서 따로 불리지 않고 먹었을 경우에는 기도나 식도에 걸려 뭉치거나 부풀어 오를 수 있습니다. 그러니 불리지 않고 생으로 먹을 때는 한 번에 너무 많은 양을 먹지 않도록 합니다. 치아시드를 생으로 먹을 때 성인은 2큰술 이상, 어린아이는 1큰술 이상 한 번에 섭취하지 않는 것이 좋아요 .

### 쌀과 영양 비교(100g 기준)

| | 치아시드 | 쌀(백미) | 비고 |
|---|---|---|---|
| 식이섬유 | 38g | 0.96g | 쌀의 39배 |
| 단백질 | 16g | 6.06g | 쌀의 2.6배 |
| 오메가3 | 17,552mg | 8.0mg | 쌀의 2194배 |
| 칼슘 | 631mg | 14mg | 쌀의 45배 |
| 칼로리 | 490kcal | 372kca | |
| 그 외에 주목할 만한 영양소 | 아연 3.5mg, 오메가6 5785mg | | |
| 주요 효과 | 다이어트, 피부 미용, 혈관 건강, 골다공증 예방 | | |

중동 지역의 건강 파수꾼

# 병아리콩

채식 요리의 필수 재료로 손꼽히는 병아리콩. 이제는 대중들에게도 널리 알려지고 있어요. 귀여운 이름과 모양, 그리고 맛과 식감이 정말이지 매력적이랍니다.

## 만수르의 부인도 즐겨 먹는 건강식

병아리콩은 모양이 마치 병아리 부리처럼 생겼다고 해서 지어진 이름이에요. 이집트 콩 혹은 영어명 그대로 칙피(Chick Pea)라 부르기도 합니다. 중동 지역이 원산지이며 중앙아시아, 지중해, 인도 등지에서 많이 사용하는 식재료입니다.

최근 어느 TV 프로그램을 통해 세계적인 재벌 만수르의 아내 모나 빈 켈리의 동안 비법으로 병아리콩이 소개되었어요. 모나 빈 켈리는 39세라는 나이가 믿기지 않을 정도로 아름다운 외모와 피부를 유지하고 있는 것으로 유명한데요, 병아리콩으로 만든 '후무스'를 일상적으로 먹는다고 하네요. 후무스는 중동 지역의 대표 요리로 우리나라 된장찌개처럼 친근하고 소박한 음식이랍니다. 뒤에 이어질 레시피 파트에서 만드는 방법을 알려드릴게요.

## 주요 영양소

병아리콩 역시 단백질, 섬유질, 비타민, 칼슘 함량이 높고 지방이 적은 반면 포만감은 좋아서 다이어트 건강식으로 제격입니다. 병아리콩의 비타민C와 E, 각종 미네랄은 보습, 미백, 안티에이징에 효과적이지요. 게다가 섬유질 함량이 30% 정도로 상당히 높은 편이에요. 콜레스테롤을 낮추고 장 기능을 개선하는 데 도움이 됩니다. 아름다운 피부를 유지하는 데 여러모로 좋을 수밖에 없지요. 섬유질이 많은 식품은 혈관을 깨끗하게 하기 때문에 심혈관계 질환 예방에도 도움이 됩니다.

## 검은콩처럼 활용하세요

병아리콩은 콩 특유의 비린 맛이 없기 때문에 콩을 싫어하는 사람도 거부감 없이 먹을 수 있어요. 익히면 밤 같은 맛이 나고 부드러워서 그냥 먹어도 아주 맛있답니다. 삶은 후 갈아서 여기저기 넣어도 좋고, 굵은 알갱이 상태로 넣어 씹는 맛을 살려줘도 좋아요.

요리할 때는 검은콩처럼 생각하고 활용하면 쉬워요. 딱딱하게 말린 상태로 판매되기 때문에 2시간 정도 불리거나 30분 정도 삶은 후 쓰는 것이 좋습니다. 불린 후 껍질을 제거하면 더욱 부드럽게 먹을 수 있어요. 콩 넣듯이 넣어 밥을 하면 되고 빵, 스낵, 시리얼, 주전부리 등 다양한 간식으로도 잘 어울려요.

### 쌀과 영양 비교(100g 기준)

| | 병아리콩 | 쌀(백미) | 비고 |
|---|---|---|---|
| 식이섬유 | 17g | 0.96g | 쌀의 17배 |
| 단백질 | 19g | 6.06g | 쌀의 3배 |
| 엽산 | 557mcg | 3.6mcg | 쌀의 155배 |
| 철분 | 6.2mg | 1.30mg | 쌀의 4.8배 |
| 칼로리 | 364kcal | 372kca | |
| 그 외에 주목할 만한 영양소 | 티아민 0.5mg, 비타민B6 1.1mg | | |
| 주요 효과 | 피부 미용, 항산화, 혈관 건강 | | |

FLAX SEED

작지만 강한 씨앗의 힘

# 아마시드

최근 요리는 물론이고 주스, 화장품 등에 '씨앗'을 활용하는 경향이 늘고 있어요. 씨앗에는 각종 영양분이 농축되어 있기 때문인데요, 그중 가장 눈여겨볼 만한 것이 바로 아마시드입니다.

## 여성 갱년기에 특히 좋아요

아마의 씨앗인 아마시드. 아직 우리에겐 생소하지만 이미 고대에서부터 사랑받았던 건강 재료랍니다. 이집트 미라의 배속에서도 아마시드가 발견되었다고 하네요. 전립선암에도 효과가 있다고 알려지면서 최근 뜨거운 관심을 받고 있습니다.

아마시드는 여성들에게 특히 좋은 리그난을 많이 함유하고 있어요. 리그난은 식물성 에스트로겐의 일종으로 여성호르몬 수치를 조절하는 효과가 있습니다. 2009년 이집트 국립연구센터 하르비 박사 팀은 아마시드가 골다공증 위험을 줄이는 데 효과가 있다는 결과를 발표하기도 했습니다.

## 주요 영양소

섬유소, 단백질, 비타민 등 각종 영양소가 풍부한 것은 기본. 식물 중에서 아마시드에 오메가3가 가장 많이 함유돼 있다고 알려져 있습니다. 아마시드의 젤라틴 성분은 기미, 주근깨, 아토피 등을 개선하는 데 도움이 되고요. 아마시드 역시 글루텐 프리 식품입니다.

## 깨처럼 활용하세요

아마시드는 납작한 깨처럼 생겼고 들기름과 비슷한 향이 납니다. 기름에 찌든 듯한 맛도 살짝 나기 때문에 다른 슈퍼 곡물에 비해서는 호불호가 많이 갈립니다. 아마시드는 모양 그대로 깨처럼 활용하면 된답니다.

아마시드 특유의 기름맛은 또 다른 기름과 만나면 자연스럽게 사라지니까 올리브유, 참기름, 들기름 등 좋은 기름을 같이 넣어 요리해주면 누구나 부담 없이 먹을 수 있어요. 부드럽게 갈아서 토핑으로 얹거나 섞어 먹어도 맛있어요.

## 볶거나 불린 후 사용하세요

생아마시드에는 독성이 있어서 생으로 섭취하면 두통이나 복통이 올 수 있어요. 하지만 볶거나 물에 담가두면 이 성분이 사라집니다. 그러니 아마시드는 요리 전 반드시 볶거나 물에 1시간 이상 불려 사용하세요. 마른 프라이팬에 깨 볶듯이 바삭하게 볶아주면 되니 어렵지 않아요. 한 번 볶아주면 맛도 더 좋아져요. 시중에 '볶은 아마시드'도 많이 판매되고 있답니다. 볶은 아마시드는 공기 중에서 변질되기 쉽기 때문에 반드시 밀폐해서 보관하고, 개봉 후 가능한 빨리 먹는 것이 좋아요.

### 쌀과 영양 비교(100g 기준)

| | 아마시드 | 쌀(백미) | 비고 |
|---|---|---|---|
| 식이섬유 | 27g | 0.96g | 쌀의 28배 |
| 단백질 | 18g | 6.06g | 쌀의 2.9배 |
| 오메가3 | 22813mg | 8.0mg | 쌀의 2851배 |
| 마그네슘 | 392mg | 23.0mg | 쌀의 17배 |
| 칼로리 | 534kca | 372kca | |
| 그 외에 주목할 만한 영양소 | 티아민 1.6mg, 비타민B6 0.5mg, 비타민B1 1.6mg | | |
| 주요 효과 | 갱년기 증상 완화, 전립선암 예방 | | |

AMARANTH

영원히 시들지 않는 꽃

# 아마란스

아마란스는 '글루텐 프리'를 외치는 서구권에서는 '신이 내린 작물'이란 칭송을 듣고 있답니다. 밀가루 대신 아마란스를 갈아 사용하는 요리가 인기를 얻고 있어요.

## 당뇨와 고혈압에 효과

아마란스는 고대 그리스어로 '영원히 시들지 않는 꽃'을 뜻한다고 해요. 아마란스 자체의 생명력을 뜻하는 것이기도 하고, 풍부한 영양소가 주는 항산화 효과를 의미하는 것이기도 하지 않을까 짐작해 봅니다. 아마란스는 남미 안데스의 고산지대에서 재배되기 시작했고 현재도 페루, 과테말라 등지에서 주로 생산되고 있어요. 우리나라에서도 재배하는 곳이 늘고 있습니다. 당뇨와 고혈압, 동맥경화를 예방하는 데 효과가 있어서 중장년층의 관심을 특히 받고 있습니다.

## 주요 영양소

아마란스는 전체 성분 중 15~20%가 단백질로 이루어져 있어요. 필수 아미노산도 다양하게 함유하고 있습니다. 아마란스 역시 글루텐 프리 식품으로 글루텐 알레르기가 있거나 밀가루를 잘 소화하지 못하는 사람들에게 유용하지요.

항산화 성분인 스쿠알렌 또한 다량 들어 있어 체내 활성산소를 제거하는 데 도움이 됩니다. 피부 노화를 늦추는 데도 도움이 되고 호르몬 분비를 균형 있게 조절해주는 역할도 합니다. 칼슘, 철분도 풍부하고 쌀, 보리, 밀 등에 비해 나트륨 함량도 적어요. 간 기능 개선 효과가 있는 라이신도 함유돼 있습니다.

## 조처럼 활용하세요

아마란스는 우리가 흔히 아는 '조'처럼 아주 작은 알갱이 형태입니다. 활용도 조처럼 하면 돼요. 밥과 섞어 먹어도 좋고 다양한 한식 종류에 섞어 주어도 두루 잘 어울립니다.

아마란스는 무척 딱딱하기 때문에 생으로는 먹기 힘들어요. 마른 프라이팬에 깨 볶듯이 바삭하게 볶은 후 사용하면 고소한 맛과 씹히는 질감을 즐길 수 있습니다. 물에 10분 정도 불렸다가 볶아주면 더욱더 부드럽게 먹을 수 있어요.

아마란스의 딱딱한 식감이 영 불편한 경우에는 물에 10분 정도 삶아서 사용하면 됩니다. 알갱이가 무척 작으니 물에 씻을 때는 고운 체를 사용해야 한다는 것도 잊지 마세요.

**쌀과 영양 비교**(100g 기준)

| | 아마란스 | 쌀(백미) | 비고 |
|---|---|---|---|
| 식이섬유 | 7g | 0.96g | 쌀의 7배 |
| 단백질 | 14g | 6.06g | 쌀의 2.3배 |
| 칼슘 | 159mg | 14mg | 쌀의 11.3배 |
| 철 | 7.6mg | 1.30mg | 쌀의 5.8배 |
| 칼로리 | 371kcal | 372kca | |
| 그 외에 주목할 만한 영양소 | 비타민B2 0.2mg, 아연 2.9mg, 오메가6 2736mg, 라이신 747mg | | |
| 주요 효과 | 항산화 효과, 간 기능 개선, 혈액 정화 | | |

WILD RICE

인디언들의 건강 식재료

# 와일드라이스

마지막으로 미 대륙에서 건너온 새로운 슈퍼 곡물, 와일드라이스를 소개합니다. 인디언들이 즐겨 먹었던 건강 식재료랍니다. 그래서 '인디언라이스'라 불리기도 해요.

## 죽기 전에 꼭 먹어야 할 세계 음식 재료

영국의 푸드 저널리스트인 프랜시스 케이스는 세계 여러 전문가의 조언을 얻어 '죽기 전에 꼭 먹어야 할 세계 음식 재료 1001'을 선정했답니다. 각국의 다양한 식재료가 포함되어 있는데요, 와일드라이스도 그중 하나로 들어가 있답니다.

선사 시대부터 재배된 와일드라이스는 북아메리카 원주민들의 주요 식량 자원이었습니다. 현재 캐나다와 미국 등지에서 주로 생산되고 있고 최근 한국에도 수입되어 들어오면서 조금씩 인지도가 넓어지고 있습니다. 이름에 '라이스(Rice)'가 들어가긴 하지만 사실 와일드라이스는 쌀이 아니라 '풀' 종류예요. 아메리카 원주민들은 와일드라이스를 '좋은 열매'란 뜻으로 '마노민'이라 부른답니다.

## 주요 영양소

와일드라이스는 필수 아미노산이 고루 함유되어 있는데요, 그중에 성장과 소화를 돕는 아미노산인 '라이신'이 풍부합니다. 라이신은 동양인들이 특히 부족하기 쉬운 영양소라고 하니 꼭 기억해주세요.

각종 비타민과 미네랄, 섬유질 등도 풍부하고 칼로리와 지방은 낮기 때문에 와일드라이스 역시 건강 다이어트식으로 더할 나위 없이 좋습니다.

## 흑미처럼 활용하세요

와일드라이스는 이름은 낯설지만 비주얼은 친근하지요. 우리나라의 흑미와 비슷한 모양을 하고 있으니까요. 흑미처럼 검은빛을 띠고 모양은 조금 더 얇고 길쭉합니다. 식감은 좀 더 쫄깃하고 살짝 스모키한 맛도 납니다. 탱글탱글하니 씹는 맛이 좋아서 먹을수록 더 매력이 느껴져요.

요리할 땐 흑미처럼 활용해주면 쉽습니다. 밥에 섞어 지어도 좋고 갈아서 밀가루 대신 사용해도 괜찮아요. 검은 빛깔 자체가 음식에 멋을 더해주기 때문에 장식용 토핑이나 볶음밥류에 활용하면 딱입니다.

### 쌀과 영양 비교(100g 기준)

| | 와일드라이스 | 쌀(백미) | 비고 |
|---|---|---|---|
| 식이섬유 | 6g | 0.96g | 쌀의 6배 |
| 단백질 | 15g | 6.06g | 쌀의 2.5배 |
| 라이신 | 629mg | 246mg | 쌀의 2.5배 |
| 엽산 | 95mcg | 3.60mcg | 쌀의 26.4배 |
| 칼로리 | 357kcal | 372kca | |
| 그 외에 주목할 만한 영양소 | 아연 6.0mg, 나이아신 6.7mg, 마그네슘 32.0mg | | |
| 주요 효과 | 에너지 보충, 임산부 건강, 우울증 예방 | | |

쌀과 영양 비교 자료 출처 http://nutritiondata.self.com

슈퍼 곡물은 요리하기도 그리 까다롭지 않고 섭취할 때 거부감도 크지 않은 편이니 조금만 신경을 쓰면 누구나 어렵지 않게 익숙해질 수 있습니다. 단, 다음 몇 가지들은 꼭 기억해주세요.

### 곡물은 곡물, 과일은 과일, 고기는 고기

슈퍼 곡물들이 영양이 풍부한 것은 사실이지만 어쨌거나 곡물의 한 종류라는 점을 기억해야 합니다. 요즘 TV를 보면 "렌틸콩의 섬유질 함유량은 바나나의 12배, 고구마의 10배!"라는 식으로 요란하게 강조하는 것을 볼 수 있는데, 이론상으로 틀린 말은 아니지만 현실적인 비유는 아닙니다.

곡물은 한 번에 먹을 수 있는 양에 한계가 있으니까요. 즉 바나나나 고구마는 한 번에 여러 개씩 많은 양을 먹을 수 있지만 렌틸콩은 한 번에 1컵 이상 섭취하기 힘들어요.

다른 슈퍼 곡물들도 마찬가지. 아마시드의 오메가3도 "고등어의 44배!"라는 식으로 광고하지만 아마시드는 더더욱 소량씩 섭취할 수밖에 없으니 한 번에 1~2마리는 먹을 수 있는 고등어와 비교하는 것은 맞지 않아요.

생판 다른 종류의 식품과 비교하며 영양을 가늠하지 말고, 비슷한 종류의 다른 곡물과 비교했을 때 같은 양 대비 영양 밸런스가 좋다는 점을 기억해주세요.


### 슈퍼 곡물 원푸드 다이어트? NO! NO! NO!

렌틸콩이 칼로리도 낮고 몸에 좋다고 하니, 렌틸콩을 가득 삶아 매일 그것만 먹는 사람들이 종종 있어요. 슈퍼 곡물이 영양 밸런스가 좋은 것은 사실이지만 모든 영양소를 완벽하게 갖추고 있는 것은 아니에요. 채소, 고기, 과일 등 다양한 재료와 골고루 함께 섭취할 때 슈퍼 곡물의 진정한 진가가 발휘됩니다. 원푸드 다이어트는 어떤 재료를 활용하든 무조건 나빠요.


### 슈퍼 곡물 부작용

슈퍼 곡물이 다른 곡물에 비해 단백질이 풍부한 것은 분명 장점이지만, 소화 기능이 떨어지는 노년층이나 위염 환자들은 단백질을 과도하게 섭취하면 몸에 부담이 갈 수 있습니다. 식이섬유 역시 너무 많이 섭취하면 아연, 철분 등 다른 무기질의 흡수를 방해합니다. 슈퍼 곡물들에는 나트륨을 배출하는 데 도움이 되는 칼륨이 적절히 함유되어 있지만, 신장 기능이 떨어진 사람이 칼륨을 과하게 섭취하면 일시적인 마비 증세가 올 수도 있어요.

즉 몸에 좋다고 과하게 먹으면 오히려 부작용이 생길 수 있어요. 단기간에 너무 많이 섭취하지는 마세요. 매 끼니 최대 밥 1그릇 분량이면 충분합니다. 한 번에 많이 먹는 것보다 조금씩 꾸준히 섭취하는 것이 더 중요합니다.

### 한 끼 식사의 20~30% 정도만

슈퍼 곡물은 다른 곡물에 비해 단백질이 많고 다른 영양소가 풍부하다는 것일 뿐, 고기도 아니고 생선도 아닙니다. 그러니 단백질 섭취를 슈퍼 곡물에만 의지하면 안 돼요. 슈퍼 곡물도 탄수화물이 주를 이루는 곡물이기에, 너무 많이 먹으면 탄수화물 과잉으로 이어질 수밖에 없어요. 슈퍼 곡물은 1회 식사량의 20~30%를 넘지 않는 선에서 섭취해주세요. 두뇌 활동을 위한 탄수화물이 많이 필요한 아침 식사에서는 좀 더 비중을 늘려주어도 괜찮습니다. 한 끼 식사에서 슈퍼 곡물을 필요 이상 많이 섭취했다면 다음 식사에서 조금 비중을 낮춰 섭취해주면 됩니다.

### 자주 먹는 음식에 조금씩 넣어보세요

슈퍼 곡물들은 대부분 맛과 향이 그리 강하지 않기 때문에 여러 음식들과 조화를 잘 이룹니다. 처음에는 평소 자주 먹는 음식에 조금씩 첨가하는 방식으로 요리하면 거부감 없이 익숙해질 수 있습니다.

쌀에 비해서는 식감이 다소 질긴 편이니 초반에는 부드럽게 익히는 방식으로 친해지도록 하고, 점점 익숙해지면 볶거나 튀기는 방식으로 바삭하게 씹는 맛을 살려 즐겨보세요. 아마란스처럼 특유의 향이 있는 경우에는 향신료나 허브 가루를 조금 넣어주면 이색적이면서도 맛있는 요리를 할 수 있습니다.

## 익힌 후 소분해서 냉동해두기

슈퍼 곡물은 밥류나 시리얼류에는 메인으로 활용되지만 샐러드나 기타 요리에는 토핑이나 부가 재료로 소량 들어가는 경우가 많아요. 적은 양을 매번 익히는 건 번거로우니까, 미리 삶은 후 소분해서 냉동 보관해두면 편리해요.

평소에 남은 밥을 냉동실에 보관하듯이 비닐백이나 냉장고 용기에 넣어 보관해두세요. 분량이 많을 때는 두껍게 쌓지 말고, 얇고 넓게 깔아주듯이 넣어두세요. 필요한 분량만큼 잘라 쓰기 편해요.


## 건강한 식생활의 완성은 운동

마지막으로 하나 더. 건강을 위해 슈퍼 곡물을 챙겨먹는 건 너무나 좋은 일이지만, 그것만으로 만병통치약이 되는 것은 아닙니다. 건강한 식생활은 운동과 만날 때 제대로 효과가 발휘됩니다. 열심히 건강식만 챙겨먹고 가만히 앉아 운동하지 않으면 아무 효과가 없어요. 슈퍼 곡물로 건강하게 식사하고 열심히 운동해보면 "아, 확실히 몸이 달라지는구나!" 하고 느끼게 될 거예요.

# 슈퍼 곡물로 맛있게 밥 짓기

슈퍼 곡물은 그 자체만으로 밥을 짓는 것보다는 흰쌀이나 현미와 섞어 밥을 짓는 것이 더 좋아요. 처음에는 1/10 분량 정도만 넣고 맛을 본 후 취향에 따라 서서히 비중을 늘려 가세요.

## 기본 곡물밥

평소대로 백미와 현미, 그 외의 잡곡들을 섞어 밥을 지으면 됩니다.

### 키노아 밥

쌀과 키노아를 10:1 정도 비율로 넣고 밥물은 평소와 같이 잡아 밥을 지으세요.
다른 슈퍼 곡물도 같은 방법으로 밥을 지으면 됩니다.

**밥**
지을 때
기억하세요

1 슈퍼 곡물로 압력솥에 밥을 지을 때 추가 올린 후 약한 불에서 7~10분 정도 뜸을 들이면 밥이 맛있게 잘 지어집니다.

2 전기밥솥을 이용할 경우 '현미밥 모드'로 밥을 하면 됩니다.

3 일반 솥을 이용할 경우에 병아리콩은 한 번 삶은 후 넣어주세요.

4 압력솥을 사용할 때는 따로 불리지 않아도 괜찮지만, 일반 솥에 밥을 할 때에는 4시간 정도 물에 불려주세요.

5 곡물은 2회 정도 살짝 문질러 씻어주세요.

# 채소 곡물밥

슈퍼 곡물과 채소를 섞어 밥을 지어 보세요.
채소를 넣어 밥을 할 때는 밥물을 평소보다 10% 정도 적게 잡아주세요.

## 렌틸콩 채소밥(2인분)

| | |
|---|---|
| 당근 | 4cm |
| 양파 | ¼개 |
| 백만송이버섯 | 50g(1줌) |
| 렌틸콩 | ½컵 |
| 현미 | ½컵 |
| 실파 | 1대 |

① 당근과 양파는 한 입 크기로 썰고 백만송이버섯은 가닥가닥 떼어 내세요.

② 렌틸콩, 현미와 섞은 후 밥을 지으세요.

③ 완성된 밥에 실파를 송송 썰어 넣고 간장양념에 비벼 드세요.
다른 슈퍼 곡물도 같은 방법으로 활용하세요.

# 해물 영양밥

해물과 섞어 밥을 지으면 그 자체로 훌륭한 한 끼 식사가 되지요.
해물 데친 물은 버리지 말고 밥물로 활용하세요.

## 와일드라이스 해물 영양밥(2인분)

| | |
|---|---|
| 물 | 1컵 |
| 오징어 | ½마리 |
| 새우 | 4마리 |
| 양파 | ¼개 |
| 대파 | ½대 |
| 와일드라이스 | ½컵 |
| 흰쌀 | ½컵 |
| 버터와 간장 | 적당량 |

① 냄비에 물 1컵을 넣고 끓인 후 오징어, 새우, 양파, 대파를 넣고 30초 데치세요.

② ①의 데친 물에 다진 채소, 와일드라이스, 흰쌀을 넣고 밥을 지으세요. 이때 대파와 데친 해물은 따로 빼두세요.

③ 밥이 완성되면 마지막에 대파와 해물을 넣으세요.

④ 뜨거울 때 버터와 간장을 넣고 비벼 드세요.
다른 슈퍼 곡물도 같은 방법으로 활용하세요.

# 작가가 추천하는 간편 영양밥

사실 매일매일 밥상 차리는 일이 결코 쉬운 일은 아니지요. 요리 연구가인 저도 가끔은 간편 요리 식품의 힘을 빌리기도 한답니다. 요즘 다양한 즉석밥이 나오고 있는데요, 최근에는 슈퍼 곡물이 함유된 즉석밥도 출시되었어요. 영양 밸런스도 좋고 L-글루타민산나트륨 무첨가 식품이어서 유용하게 활용하고 있답니다. 틈틈이 활용해 보세요. 아무리 바빠도 건강은 챙겨야 하니까요.

**이용하는 방법**(1인분 기준)

① 전자레인지에 30초~3분 정도 데우세요.

② 프라이팬에 담고 물 2큰술을 넣은 후 3분 정도 볶아주어도 괜찮아요.

③ 볶음밥이나 각종 요리할 때 넣어주어도 좋아요. 익힌 곡물을 따로 준비할 필요가 없어 편리해요.

## 풀무원 퀴노아 영양밥

볶은 키노아, 병아리콩을 비롯해 큼직한 밤, 기장, 아몬드 등 건강 재료가 듬뿍 들어있어요.
찹쌀이 들어가 있어서 밥알에 윤기가 흐르고 식감도 좋아요.

## 풀무원 단호박 영양밥

입맛이 없는 날 특히 애용하고 있어요. 렌틸콩과 흑미, 찹쌀 등이 들어간 잡곡밥에 단호박이 들어가 있어서 살짝 달달하면서도 맛있답니다.

주변 사람들과 함께 즐기는

슈퍼 곡물 상차림 제안

앞으로 이어질 슈퍼 곡물 레시피를 이용해 각자 취향에 맞게 상차림 메뉴를 짜보세요. 건강하고 착한 요리로도 얼마든지 근사한 초대 식탁을 만들 수 있답니다. 좋은 것은 좋은 사람들과 함께 즐겨요.

## 여자 친구들과 함께 하는 주말 브런치

 +  +  + 

| 굿모닝 팬케이크 | 모둠 채소 구이 | 치아시드 푸딩 | 귤 렌틸차 |
| --- | --- | --- | --- |
| p.66 | p.115 | p.97 | p.251 |

## 아이 친구들이 우르르 몰려온 날

 +  +  + 

| 슈퍼 곡물 주먹밥 | 삼총사 크로켓 | 치아시드 딸기 스무디 | 아마란스 쿠키 |
| --- | --- | --- | --- |
| p.107 | p.133 | p.102 | p.220 |

## 폼나는 술안주로 채운 손님상

 +  +  + 

| 귀리 누룽지탕 | 귀리 와일드라이스 닭볶음탕 | 매콤 도토리묵 | 치아시드 찹쌀 탕수육 |
| --- | --- | --- | --- |
| p.183 | p.178 | p.173 | p.193 |

## 세계 각국 메뉴로 꾸민 색다른 손님상

 +  +  +  + 

| 후무스 | 렌틸콩 브리토 | 베트남 스프링롤 | 커리 크림 파스타 | 키노아 아마시드 떡 |
| --- | --- | --- | --- | --- |
| p.79 | p.139 | p.186 | p.146 | p.230 |

## 로맨틱한 연말 디너

| 병아리콩 로프 | 귀리 크림 리소토 | 슈퍼푸드볼 | 곡물 피클 | 치아시드 모히토 |
| --- | --- | --- | --- | --- |
| p.137 | p.134 | p.188 | p.253 | p.239 |

## 부모님을 위한 한식 상차림

| 소고기 키노아 냉채 | 와일드라이스 해물 영양밥 | 두부 달걀 렌틸콩찜 | 병아리콩 된장찌개 | 아마란스 겉절이 |
| --- | --- | --- | --- | --- |
| p.191 | p.50 | p.73 | p.161 | p.153 |

## 다이어터들과 함께 하는 가볍고 상큼한 밥상

| 렌틸 아마시드 쌈밥 | 곡물 수프 | 콩콩 튀밥 | 볶은 귀리차 |
| --- | --- | --- | --- |
| p.111 | p.76 | p.225 | p.248 |

## 온 가족 함께 하는 나들이

| 병아리콩 에그 샌드위치 | 유리병 샐러드 | 치아시드 곡물빵 | 오트밀 밀크잼 | 에너지 바 |
| --- | --- | --- | --- | --- |
| p.131 | p.198~210 | p.69 | p.243 | p.219 |

- 이 책의 레시피는 계량스푼, 계량컵을 기준으로 합니다.
- 편의를 위해 괄호 안에 손대중으로 가늠하는 법을 표기했지만 계량도구를 이용하는 것이 가장 정확합니다.

- 1큰술 = 15㎖ / 밥숟가락 수북이 1술
- 1작은술 = 5㎖ / 밥숟가락 ⅓술
- 1컵 = 200㎖ / 종이컵 1컵
- 약간 = 가루류를 엄지와 검지로 한 번 집은 분량
- 적당량 = 취향에 따라 조절

- 조리 시간과 분량을 표기합니다.
- 베이킹을 제외한 모든 레시피는 2인분 기준입니다.
- 베이킹류는 4인분 기준입니다.

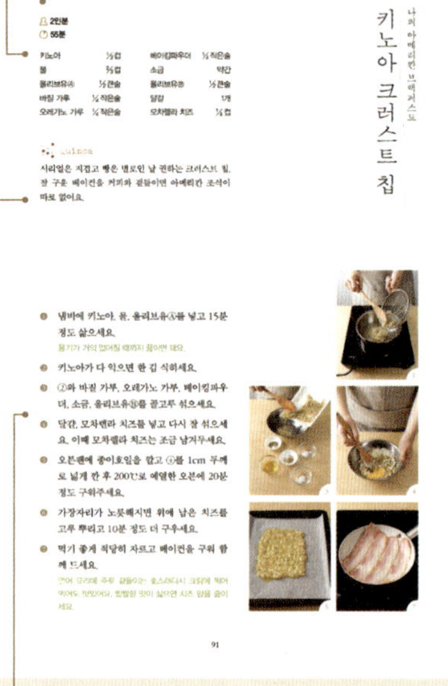

나의 아메리칸 브랙퍼스트

# 키노아 크러스트 칩

👤 2인분
🕐 55분

| 재료 | | | |
|---|---|---|---|
| 키노아 | ½컵 | 베이킹파우더 | ½작은술 |
| 물 | ⅔컵 | 소금 | 약간 |
| 올리브유ⓐ | ½큰술 | 올리브유ⓑ | ½큰술 |
| 바질 가루 | ½작은술 | 달걀 | 1개 |
| 오레가노 가루 | ½작은술 | 모차렐라 치즈 | ¼컵 |

quinoa

시리얼은 지겹고 빵은 맨모인 날 권하는 크러스트 칩. 잘 구운 베이컨을 커피와 곁들이면 아메리칸 조식이 따로 없어요.

① 냄비에 키노아, 물, 올리브유ⓐ를 넣고 15분 정도 삶으세요.
물기가 거의 없어질 때까지 끓이면 돼요.

② 키노아가 다 익으면 한 김 식히세요.

③ ②와 바질 가루, 오레가노 가루, 베이킹파우더, 소금, 올리브유ⓑ를 골고루 섞으세요.

④ 달걀, 모차렐라 치즈를 넣고 다시 잘 섞으세요. 이때 모차렐라 치즈는 조금 남겨두세요.

⑤ 오븐팬에 종이호일을 깔고 ④를 1cm 두께로 넓게 판 후 200℃로 예열한 오븐에 20분 정도 구워주세요.

⑥ 가장자리가 노릇해지면 위에 남은 치즈를 고루 뿌리고 10분 정도 더 구우세요.

⑦ 먹기 좋게 적당히 자르고 베이컨을 구워 함께 드세요.
연어 요리에 주로 곁들이는 홀스래디시 크림에 찍어 먹어도 맛있어요. 밋밋한 맛이 싫으면 치즈 맛을 높이세요.

91

- 요리에 들어간 슈퍼 곡물을 표시합니다.

렌틸콩 | 키노아 | 아마시드 | 아마란스
치아시드 | 귀리 | 와일드라이스 | 병아리콩

- 양파, 고구마 등 각 재료는 중간 크기의 것을 사용합니다.
- 재료들을 기본적으로 씻고 손질하는 과정은 생략합니다.
- 허브 가루는 바질, 로즈메리, 오레가노 등 원하는 종류를 선택하면 됩니다.
- '쌀'은 백미를 의미합니다. 현미로 대체해도 괜찮습니다.
- 올리브유로 제시된 것 외에 '식용유'는 구비된 것을 그대로 사용하면 됩니다.

- 특별한 표시가 없으면, 모든 조리는 중간불을 이용합니다.
- 오븐은 사용할 온도로 20~30분 예열한 후 사용해야 재료가 고루 익습니다.
- 곡물을 볶을 때는 마른 프라이팬에서 노릇노릇해질 때까지 충분히 볶아야 먹을 때 딱딱하지 않습니다.
- 곡물을 냄비에 삶을 때는 2배의 물을 붓고 물기가 거의 없어질 때까지 익히세요. 압력솥에 삶을 때는 15~20분이면 충분합니다.

## 이 책에 나오는 레시피는

- 일상 속에서 쉽고 맛있고 다양하게 섭취할 수 있는 슈퍼 곡물 메뉴들을 선정해 수록하였습니다.
  조리 방법을 다채롭게 바꿔주어야 질리지 않고 지속적으로 섭취할 수 있습니다.
- 요리를 할 때는 단순한 칼로리나 영양 성분 표는 잊어주세요.
  다른 재료와 섞이게 되면 이론적인 숫자는 그리 의미가 없습니다.
  머릿속으로 숫자를 계산하고 효능을 염두에 두며 섭취하는 것보다는 자신이 좋아하는 방식으로 즐겁게 먹는 것이 중요합니다.
- 이 책에 제시된 메뉴들은 기본적으로 칼로리가 높지 않고, 슈퍼 곡물과 다른 식품의 영양소들이 균형감 있게 조화를 이루고 있습니다.

## 슈퍼 곡물을 선택할 때는

- 이 책에서 렌틸콩은 갈색 렌틸콩을 주로 사용합니다. 녹색, 노란색, 주황색 렌틸콩으로 교체해도 괜찮습니다.
- 주황색 렌틸콩을 사용할 때는 삶거나 불리는 과정은 생략해도 됩니다.
- 키노아와 치아시드는 어떤 색깔을 선택해도 무방합니다.
- 제시된 슈퍼 곡물 대신 다른 곡물을 넣어도 괜찮지만, 제시된 대로 넣는 것이 가장 밸런스가 좋습니다.
- 제시된 슈퍼 곡물이 없을 때는 아래와 같이 바꿔주어도 괜찮습니다. 영양 성분은 다르지만 맛과 식감이 비슷한 편입니다.

| | | |
|---|---|---|
| 귀리 | → | 현미, 보리 |
| 아마시드 | → | 들깨, 참깨 |
| 키노아 | → | 수수 |
| 치아시드 | → | 검은깨 |
| 렌틸콩 | → | 녹두, 강낭콩 |
| 와일드라이스 | → | 흑미 |
| 병아리콩 | → | 검은콩(서리태), 호랑이콩 |
| 아마란스 | → | 조 |

## 슈퍼 곡물 고르는 법

- 평소 쌀과 현미를 고를 때와 같습니다.
- 낟알이 부서지지 않았는지 살펴보고 포장 상태와 포장 일자를 확인하세요.

## 슈퍼 곡물 보관하는 법

- 쌀 보관 하듯이 서늘한 곳에 밀봉해서 보관하면 장기간 보관할 수 있습니다.
- 익혀서 냉동실에 보관하는 경우 6개월 정도까지 보관할 수 있습니다.
- 볶은 아마시드는 밀폐하여 냉동실에 보관하는 것이 좋고, 산패하기 쉬우니 개봉 후 가능한 한 빨리 드세요.

# Breakfast!

시리얼, 수프, 선식, 스무디, 홈메이드 두유 등 부담 없고 든든한 아침 메뉴를 소개합니다.
바삭바삭 고소하게 아침을 시작해볼까요?

# 슈퍼 곡물로 아침 식사 만들기

키노아와 아마시드를 납작하게 만들어서 구운 후 잘게 부숴서 먹는 시리얼입니다. 넉넉히 만들어 두면 매일 아침을 간단하게 해결할 수 있어요.

👤 2인분
🕐 40분

| 키노아 | 4큰술 | 소금 | 약간 |
| --- | --- | --- | --- |
| 아마시드 | 4큰술 | 요거트 | 적당량 |
| 올리브유 | 1작은술 | 흑설탕 | 약간 |

❶ 냄비에 키노아를 넣고 삶아주세요.

❷ 믹싱볼에 삶은 키노아, 아마시드, 올리브유, 소금을 넣고 골고루 버무리세요.

올리브유가 약간 들어가야 아마시드 특유의 찌든 기름 맛이 느껴지지 않아요. 아마시드는 살짝 불린 후 볶으면 더 부드러워져요.

❸ ②를 오븐용 용기에 넓게 깔고 손으로 눌러 납작하게 만든 후 180℃로 예열한 오븐에서 30분 구워주세요.

❹ 다 구워졌으면 오븐에서 꺼낸 후 식히고 손으로 적당히 부수세요.

❺ 요거트와 섞어 드세요.

취향에 따라 흑설탕을 조금 뿌려도 좋아요.
흑설탕 대신 마스코바도 설탕을 넣으면 더욱 건강한 맛을 즐길 수 있어요.

Lentil + Oat + Flax Seed

어릴 적 먹던 '조리퐁'이 생각나는 비주얼, 단맛보다는 고소하고 바삭한
맛이 매력 포인트인 시리얼입니다.

**2인분**

**50분(불리는 시간 제외)**

| | |
|---|---|
| 렌틸콩 | ½컵 |
| 귀리 | ½컵 |
| 아마시드 | ¼컵 |
| 우유 | 적당량 |

① 렌틸콩은 하룻밤 정도 불려두세요.
   렌틸콩을 불리지 못했을 때는 살짝 삶아주세요.

② 귀리는 삶은 후 물기를 빼세요.
   귀리를 한 번 삶고 오븐에서 구워야 식감이 더욱 좋아요.

③ 렌틸콩은 체에 밭쳐 물기를 빼고 귀리, 아마시드와 함께 180℃
   로 예열한 오븐에서 20분 구우세요.

④ 수저로 전체적으로 뒤집어준 후 20분 더 구우세요.

⑤ 골고루 섞어 우유에 말아 드세요.
   보관용은 한 김 식힌 후 밀폐 용기에 담아 냉동 보관하세요.

# 병아리콩 귀리 타락죽

아마란스 토핑을 올린

👤 2인분
🕐 40분

| 귀리 | ¼컵 | 우유 | 1컵 |
|---|---|---|---|
| 병아리콩 | ¼컵 | 소금 | 약간 |
| 아마란스 | 1큰술 | 후춧가루 | 약간 |
| 물 | 3컵 | | |

### Chick Pea + Oat + Amaranth

타락죽은 우유가 들어간 전통 방식의 죽을 말해요. 가볍게 에너지를 충전할 때 그만이지요.

**❶** 귀리와 병아리콩은 물 2컵을 넣고 압력솥에서 15분 정도 삶아주세요.
압력솥에 삶아야 금방 익어요. 일반 솥에선 40분 정도 삶아야 해요.

**❷** 삶은 귀리와 병아리콩을 믹서에 넣고 굵게 갈아주세요.
굵게 갈아야 씹는 맛이 적당히 있어요. 곱게 갈면 수프 같은 질감이 됩니다.

**❸** ②를 냄비에 넣고 물 1컵을 나누어 넣어가면서 끓이세요.

**❹** 걸쭉한 질감이 되면 우유를 넣고 한소끔 더 끓이세요.

**❺** 죽이 끓는 동안 아마란스를 프라이팬에 기름 없이 볶아주세요.
너무 살짝 볶으면 아마란스가 딱딱할 수 있어요. 노릇노릇 바삭해질 때까지 볶아주세요. 불려 볶으면 더 부드러워져요.

**❻** 죽이 완성되면 소금, 후춧가루를 넣어 간을 한 후 볶은 아마란스를 뿌려 드세요.

# 굿모닝 팬케이크

렌틸콩을 갈아 넣은



| | | | |
|---|---|---|---|
| 렌틸콩 | ½컵 | 베이킹파우더 | ½작은술 |
| 우유 | ½컵 | 설탕 | 2큰술 |
| 달걀 | 2개 | 소금 | 약간 |
| 밀가루 | 6큰술 | 아가베시럽 | 적당량 |
| 녹인 버터 | 2큰술 | 라즈베리잼 | 적당량 |

### 🔴 Lentil

일반 팬케이크보다 한층 고소하고 부드러운 팬케이크입니다.
주말 브런치에도 강추예요.

① 렌틸콩은 삶은 후 물기를 빼고, 믹서에 우유
와 함께 곱게 갈아주세요.

② 볼에 달걀, 밀가루, 녹인 버터, 베이킹파우
더, 설탕, 소금을 넣고 골고루 섞어주세요.

③ ①과 ②를 잘 섞으세요.

④ 중약불에서 프라이팬을 달구고 한 국자씩
떠서 익히세요.

기름을 두르지 않고 익혀야 갈색의 먹음직스런 팬케
이크 빛깔이 만들어집니다.

⑤ 양면이 고루 익으면 아가베시럽이나 라즈
베리잼을 곁들여 드세요.

취향에 따라 다른 잼을 곁들여도 괜찮아요.

# 치아시드 곡물빵

| 통밀가루 | 1½컵 | 치아시드 | 4큰술 | 바나나 | 2½개 |
| 밀가루(중력분) | 1컵 | 버터(실온) | 6큰술 | 플레인 요거트 | 4큰술 |
| 베이킹파우더 | ¾작은술 | 설탕 | ¼컵 | 식용유 | 적당량 |
| 소금 | ½작은술 | 달걀 | 2개 | 밀가루(덧가루) | 적당량 |

❶ 오븐은 175℃로 예열하세요.

❷ 파운드케이크틀에 식용유를 바른 후 밀가루(덧가루)를 조금 체로 쳐 뿌리세요.
이렇게 해두어야 나중에 빵을 꺼내기 쉬워요.

❸ 믹싱볼에 통밀가루, 밀가루(중력분), 베이킹파우더, 소금을 골고루 섞고 체에 한 번 내린 후 치아시드를 넣고 골고루 섞어주세요.

❹ 다른 볼을 준비해 버터를 넣고 밝은 노란색이 날 때까지 핸드믹서로 돌려준 후 설탕을 넣고 잘 섞으세요. 그 다음에 달걀을 조금씩 나누어 넣으며 섞어주세요.
버터는 실온에 두고 적당히 녹인 후 사용하세요.

❺ ④에 으깬 바나나, 플레인 요거트를 넣고 골고루 섞어주세요.

❻ ③과 ⑤를 잘 섞으세요.

❼ 파운드케이크틀에 넣은 후 오븐에서 60~70분 구우세요.

❽ 구워진 빵을 젓가락으로 찔렀을 때 밀가루가 묻어나오지 않으면 오븐에서 꺼내 식힌 후 드세요.

치아시드가 포인트인 곡물빵입니다.
작게 잘라서 냉동해두었다가 그때그때 해동해
먹으면 편리해요.

으랏차차 기운찬 아침!

# 두부 달걀 렌틸콩찜

**● Lentil**

단백질이 풍부한 두부, 달걀, 렌틸콩을 한데 모았어요.
속이 까슬할 때도 편안하게 먹을 수 있어요.

🙎 2인분
🕐 30분

| | |
|---|---|
| 삶은 렌틸콩 | ½컵 |
| 대파 | ½대 |
| 달걀 | 2개 |
| 순두부 | 1컵 |
| 소금 | 약간 |

❶ 렌틸콩을 삶아 물기를 빼세요.

❷ 대파는 송송 썰어두세요.

❸ 달걀, 순두부를 섞고 소금으로 간을 한 후 삶은 렌틸콩을 넣어주세요.

❹ 찜기에 넣고 약한 불에서 15분 정도 익혀주세요.

Chick Pea + Quinoa

병아리콩으로 두유를 만들어도 맛있어요.
고소한 키노아가 끝맛을 더 기분 좋게 해준답니다.

👤 2인분
🕐 30분

| | |
|---|---|
| 병아리콩 | ¼컵 |
| 키노아 | ¼컵 |
| 물 | 2컵 |
| 소금 | 약간 |

① 병아리콩과 키노아를 압력솥에 넣고, 물을 넣은 후 10분 동안 익히세요.

② 다 익으면 물기를 뺀 후 믹서에 넣고 곱게 갈아주세요.
   콩 삶은 물을 버리지 말고 두었다가 믹서에 갈 때 너무 뻑뻑하면 조금씩 넣어주세요.

③ 체에 거르고 소금으로 간을 한 후 드세요.
   좀 더 씹히는 맛을 즐기고 싶다면 체에 거르지 않아도 괜찮아요.

따끈하게 상큼하게

# 곡물 수프

병아리콩, 귀리, 키노아를 넣고 수프를 끓여보세요.
토마토와 약간의 양념만 곁들여주면 곡물로도 이렇게나 맛있는 수프를
만들 수 있답니다.

👤 2인분
🕐 35분

| | | | |
|---|---|---|---|
| 병아리콩 | 4큰술 | 다진 양파 | 1큰술 |
| 귀리 | 4큰술 | 올리브유 | 4큰술 |
| 키노아 | 4큰술 | 허브 가루 | 약간 |
| 물 | 3컵 | 소금 | 약간 |
| 토마토 | 2개 | 후춧가루 | 약간 |
| 다진 마늘 | 1큰술 | | |

❶ 병아리콩, 귀리, 키노아는 깨끗이 씻은 후 물 2컵을 넣고 압
력솥에 넣어 삶으세요.
일반 솥에서는 40분 정도 삶으세요.

❷ 토마토는 깍둑썰기 하고 양파와 마늘은 다져두세요.

❸ 달군 프라이팬에 올리브유를 두른 후 다진 양파와 다진 마늘
을 넣고 볶다가 향이나면 ①과 물 1컵, 허브 가루, 썰어둔 토
마토를 넣고 끓여주세요.
치킨스톡을 1개 넣어주면 더욱 깊은 맛을 즐길 수 있어요.

❹ 15분 정도 끓인 후 소금, 후춧가루를 넣어 간을 하세요.

**Chick Pea**

만수르의 아내가 즐겨 먹는다는 후무스입니다.
병아리콩을 익힌 후 부드럽게 갈아 만드는데 죽처럼 그냥 먹어도 되고
잼처럼 빵에 발라 먹어도 맛있답니다.

👤 2인분
🕐 30분

| | | | |
|---|---|---|---|
| 병아리콩 | ½컵 | 커민 가루 | ¼작은술 |
| 물 | 1½컵 | 소금 | ½작은술 |
| 마늘 | 6개 | 올리브유 | 2⅓큰술 |
| 레몬즙 | 3큰술 | 파슬리 가루 | 약간 |
| 깨 | 3큰술 | 건고추 가루 | 약간 |

❶ 병아리콩에 물을 넣고 압력솥에서 10분 정도 삶은 후 꺼내어
물기를 빼세요. 이때 콩 삶은 물은 버리지 말고 두세요.

❷ 마늘은 잘게 썬 후 프라이팬에 기름 없이 앞뒤로 구워주세요.
오븐에 구우면 더욱 좋아요.

❸ 삶은 병아리콩에 마늘, 레몬즙, 깨, 커민 가루, 소금을 넣고 곱
게 갈아주세요. 빽빽하면 콩 삶은 물을 조금씩 넣어주세요.
커민은 중동 지역에서 많이 쓰는 향신료예요. 맛과 향이 처음엔 좀 어색할
수 있지만 먹을수록 매력이 있답니다.

❹ 올리브유, 파슬리 가루와 건고추 가루를 뿌린 후 드세요.
올리브유 품질이 좋아야 느끼하지 않고 풍미가 좋아요.

따뜻하게 불려 먹는

## Oat

귀리를 익혀 납작한 형태로 만든 오트밀. 다른 첨가물이 들어가지 않아 담백해요. 외국에선 아침 식사 메뉴로 인기랍니다.

**2인분**
**20분**

| | | | |
|---|---|---|---|
| 우유 | 1컵 | 바나나 | ½개 |
| 땅콩버터 | 1큰술 | 소금 | ⅓작은술 |
| 오트밀 | ½컵 | 메이플시럽 | 2큰술 |

❶ 냄비에 우유와 땅콩버터를 넣고 따뜻하게 데우세요.

❷ 오트밀과 ①을 골고루 섞으세요.
30분 이상 불리면 오트밀이 더욱 부드러워져요

❸ 바나나를 잘게 썰어 넣고 소금으로 간을 한 후 드세요.
메이플시럽을 넣어주면 더욱 맛있어요

Quinoa + Amaranth + Flax Seed

그래놀라는 시리얼의 한 종류로, 곡물과 견과류를 섞어 만든답니다.
다양한 맛과 식감을 즐길 수 있어요.

👤 2인분
🕐 30분

| | | | |
|---|---|---|---|
| 키노아 | 4큰술 | 시나몬파우더 | ⅛작은술 |
| 견과류 | 1큰술 | 오렌지주스 | 1큰술 |
| 아마란스 | 4큰술 | 올리브유 | 2큰술 |
| 아마시드 | 4큰술 | 소금 | 약간 |
| 흑설탕 | 2큰술 | | |

❶ 키노아는 2배의 물을 넣고 삶은 후 물기를 빼세요.

❷ 견과류는 잘게 다져주세요. 요즘 많이 나오는 견과 믹스를 이
용하면 편리해요.
크랜베리 등 말린 과일을 조금 넣어줘도 좋아요.

❸ 아마란스, 아마시드, 흑설탕, 시나몬파우더, 오렌지주스, 올리
브유, 소금과 ①, ②를 골고루 섞어주세요.

❹ 적당히 동그랗게 뭉친 후 180℃로 예열한 오븐에서 20분간
구우세요.

❺ 식힌 후 우유에 말아 먹거나 요거트에 토핑으로 얹어 드세요.

아침을 깨우는 에스프레소의 맛

Chia Seed

영양 밸런스만 잘 맞추면 스무디도 아침 식사로 손색이 없지요.
든든하고 달콤한 매력 만점의 스무디를 소개할게요.

👤 2인분
🕐 20분

| | |
|---|---|
| 순두부 | 2컵 |
| 물 | 1컵 |
| 에스프레소 | 2잔(60㎖) |
| 설탕 | 2큰술 |
| 소금 | 약간 |
| 치아시드 | 2큰술 |

❶ 순두부와 물, 에스프레소, 설탕, 소금을 믹서에 넣고 곱게 갈
아주세요.
초콜릿 같은 맛을 내는 비밀은 바로 에스프레소!
커피머신이 없을 땐 인스턴트 커피가루(설탕이 들어있지 않은)를 따뜻한 물
에 1:1로 녹여 커피 엑기스를 만들어요.

❷ 치아시드를 넣고 골고루 섞은 후 드세요.
치아시드를 15분 이상 물에 불린 후 넣으면 포만감을 더욱 느낄 수 있어요.

# 병아리콩 빵

식빵믹스로 만든

Chick Pea

베이킹 재료가 배합되어 있는 식빵믹스를 이용하면 간편하게 빵을 만들
수 있어요. 부드럽게 씹히는 병아리콩의 식감도 기분 좋아요.

**4인분**
**2시간**

| | | | |
|---|---|---|---|
| 따뜻한 물 | 1컵 | 병아리콩 | ½컵 |
| 이스트 | 4g | 물 | 1½컵 |
| 식빵믹스 | 1봉(376g) | 밀가루(덧가루) | 적당량 |

❶ 따뜻한 물과 이스트를 골고루 섞으세요.

❷ ①과 식빵믹스를 고루 섞으세요.

❸ 랩을 씌운 후 따뜻한 물을 넣은 볼 위에 올려두세요.
1차 발효시키는 과정입니다. 2배 정도로 부풀 때까지 두세요.

❹ 병아리콩은 물을 넣고 30분 정도 삶아주세요.

❺ 삶은 병아리콩의 물기를 뺀 다음, 반은 믹서에 곱게 갈아주고, 반
은 그대로 두세요.

❻ ③의 반죽이 2배 정도 부풀면 밀가루(덧가루)를 조금씩 뿌려 가
면서 적당히 눌러 공기를 빼주세요. 그 다음 1cm 두께로 넓게
펴세요.
밀가루를 뿌려 가면서 눌러야 손에 들러붙지 않아요.

❼ ⑥에 삶아둔 병아리콩을 모두 올리세요.

❽ 반죽을 돌돌 말아 빵 모양을 만드세요.

❾ 오븐틀에 유산지를 깔고 반죽을 올린 후 5분 정도 두세요.
2차 발효 과정입니다. 반죽이 따뜻하지 않을 땐 30분 두세요.

❿ 반죽 윗면에 가위로 칼집을 내고, 180℃로 예열한 오븐에서
40~50분 정도 구운 후 잼과 곁들여 드세요.

**◌ Lentil**

렌틸콩을 가장 간단하게 즐길 수 있는 방법 중 하나예요.
따끈하게 해서 먹으면 무척 맛있답니다.

👤 2인분
🕐 1시간

| 렌틸콩 | ¼컵 | 물 | 3컵 |
|---|---|---|---|
| 당근 | ½개 | 로즈메리 | 약간 |
| 셀러리 | ½대 | 소금 | 약간 |
| 양파 | ½개 | 후춧가루 | 약간 |
| 마늘 | 1개 | 발사믹식초 | 1작은술 |
| 올리브유 | 1큰술 | | |

❶ 렌틸콩은 30분 이상 불리세요.

❷ 당근, 셀러리, 양파는 0.5×0.5cm 크기로 썰고, 마늘은 납작
하게 써세요.

❸ 달군 냄비에 올리브유를 두른 후 ②의 채소들을 넣고 볶으
세요.

❹ 재료들이 반쯤 익으면 렌틸콩, 물, 로즈메리를 넣으세요. 끓
기 시작하면 약한 불로 낮추고 30분 정도 더 끓이세요.
치킨스톡을 ½개 넣어주면 더욱 맛있어요.

❺ 재료들이 부드러워지면 소금, 후춧가루, 발사믹식초로 간을
하고 드세요.

# 키노아 크러스트 칩



| | | | |
|---|---|---|---|
| 키노아 | ⅓컵 | 베이킹파우더 | ¼작은술 |
| 물 | ⅔컵 | 소금 | 약간 |
| 올리브유Ⓐ | ½큰술 | 올리브유Ⓑ | ½큰술 |
| 바질 가루 | ¼작은술 | 달걀 | 1개 |
| 오레가노 가루 | ¼작은술 | 모차렐라 치즈 | ¼컵 |

### Quinoa

시리얼은 지겹고 빵은 별로인 날 권하는 크러스트 칩.
잘 구운 베이컨을 커피와 곁들이면 아메리칸 조식이
따로 없어요.

❶ 냄비에 키노아, 물, 올리브유Ⓐ를 넣고 15분
정도 삶으세요.
물기가 거의 없어질 때까지 끓이면 돼요.

❷ 키노아가 다 익으면 한 김 식히세요.

❸ ②와 바질 가루, 오레가노 가루, 베이킹파우
더, 소금, 올리브유Ⓑ를 골고루 섞으세요.

❹ 달걀, 모차렐라 치즈를 넣고 다시 잘 섞으세
요. 이때 모차렐라 치즈는 조금 남겨두세요.

❺ 오븐틀에 종이호일을 깔고 ④를 1cm 두께
로 넓게 깐 후 200℃로 예열한 오븐에 20분
정도 구워주세요.

❻ 가장자리가 노릇해지면 위에 남은 치즈를
고루 뿌리고 10분 정도 더 구우세요.

❼ 먹기 좋게 적당히 자르고 베이컨을 구워 함
께 드세요.
연어 요리에 주로 곁들이는 호스래디시 크림에 찍어
먹어도 맛있어요. 짭짤한 맛이 싫으면 치즈 양을 줄이
세요.

 Oat

부드럽게 불린 오트밀을 넣어 스크램블드 에그를 만들면 탄수화물과 단백질이 적절히 들어간 아침 식사를 만들 수 있지요. 아주 쉽게.

2인분
20분

| | |
|---|---|
| 오트밀 | 4큰술 |
| 우유 | ½컵 |
| 달걀 | 2개 |
| 소금 | 약간 |
| 올리브유 | 1큰술 |
| 후춧가루 | 약간 |
| 샐러드 채소 | 적당량 |
| 샐러드 드레싱 | 적당량 |

❶ 오트밀은 우유에 넣고 5분 이상 불리세요.

❷ 달걀, 소금, ①을 골고루 섞어주세요.

❸ 달군 프라이팬에 올리브유를 두른 후 ②를 넣고 스크램블드 에그를 만드세요.
   달걀이 적당히 익었을 때 젓가락으로 휘휘 저어주면 됩니다.

❹ 달걀이 다 익으면 후춧가루를 뿌리고 샐러드와 곁들여 드세요.

**Chia Seed**

포만감이 있어 다이어트 할 때 특히 좋은 치아시드. 치아시드를 우유에
넣고 하룻밤동안 냉장고에서 불리면 푸딩 같은 질감이 난답니다.

**2인분**
**15분(불리는 시간 제외)**

| | |
|---|---|
| 치아시드 | 2큰술 |
| 우유 | 1컵 |
| 바나나 | 1개 |
| 딸기 | 4개 |
| 그래놀라 | 2큰술 |
| 메이플시럽 | 약간 |

❶ 치아시드를 우유에 넣고 하룻밤 불려두세요.

❷ 바나나와 딸기는 먹기 좋은 크기로 자르세요.

❸ 접시에 ①과 ②, 그리고 그래놀라를 보기 좋게 담아 메이플시
럽을 뿌려 드세요.

그래놀라는 넉넉히 만들어 두고 그때그때 토핑으로 활용하면 좋아요. 만드
는 법은 p.83을 참고하세요.

## ∧ Oat

오트밀을 구비해두면 여러모로 편리해요. 우유에 말아먹는 스타일이 지겨울 땐 스무디로 즐겨 보세요.

👤 **2인분**
🕐 **5분**

| 오트밀 | 4큰술 | 우유 | 1½컵 |
| --- | --- | --- | --- |
| 바나나 | 2개 | 소금 | 약간 |
| 아몬드 | 8큰술 | 메이플시럽 | 4큰술 |

❶ 모든 재료를 믹서에 넣고 곱게 갈아주세요.
스무디를 만들 때는 오트밀을 따로 불리지 않아도 괜찮아요.

Super Powder
Powerful Energy

렌틸콩, 귀리, 치아시드를 곱게 갈아 선식으로 마시면 바쁜 아침에 무척
유용하답니다. 후루룩 마시고 얼른 출근해요.

👤 2인분
🕐 30분

| | |
|---|---|
| 렌틸콩 | ½컵 |
| 귀리 | ½컵 |
| 치아시드 | 4큰술 |
| 물이나 우유 | 적당량 |

❶  렌틸콩, 귀리는 깨끗이 씻어 체에 밭치고 물기를 빼세요.

❷  ①과 치아시드를 프라이팬에 기름 없이 볶아주세요.
치아시드는 불리지 않고 마른 상태 그대로 사용하세요.

❸  볶은 곡물들을 식히세요.

❹  모두 믹서에 넣고 곱게 갈아주세요.

❺  체에 걸러 고운 가루만 받아내고, 굵은 알갱이들은 다시 믹서
에 곱게 갈아주세요.

❻  물이나 우유에 타서 드세요.

# 치아시드 딸기 스무디

**Chia Seed**

아침부터 뭔가 우울하고 기운이 없을 땐 치아시드 딸기 스무디를 추천합니다. 자, 기분 좋게 하루를 시작해요.

🧍 2인분
🕐 10분

| | |
|---|---|
| 냉동딸기 | 4컵 |
| 우유 | 1½컵 |
| 메이플시럽 | 4큰술 |
| 치아시드 | 4큰술 |
| 요거트 | 적당량 |

① 냉동딸기, 우유, 메이플시럽을 믹서에 넣고 곱게 갈아주세요.
그냥 딸기를 넣어도 되지만 냉동딸기를 넣고 갈면 한층 시원한 맛을 즐길 수 있어요.

② 치아시드를 넣고 골고루 섞어주세요.

③ 유리잔에 담은 후 요거트를 얹어 드세요.

요즘 미인들은 다 먹는다는 치아시드!

# *Lunch!*

국물이 없고 식어도 맛있어서 도시락으로 싸기에 좋은 요리들과
집에서 간편히 점심 식사를 할 때 좋은
원 플레이트 요리들로 점심 식단을 짜보았습니다.

# 슈퍼 곡물로 점심 식사 만들기

# 슈퍼 곡물 주먹밥

Quinoa + Lentil + Wild Rice

키노아와 렌틸콩, 와일드라이스로 주먹밥을 만들어 보세요.
여기에 쌀을 조금 섞어주면 좀 더 찰기가 있어 주먹밥을 뭉치기 쉬워요.

👤 2인분
🕐 30분

| | | | |
|---|---|---|---|
| 키노아 | ¼컵 | 디종머스터드 | 1큰술 |
| 렌틸콩 | 4큰술 | 소금 | 약간 |
| 와일드라이스 | ¼컵 | 후춧가루 | 약간 |
| 쌀 | ¼컵 | 김 | 1장 |
| 참치캔(작은 것) | 1개 | 멸치볶음 | 2큰술 |
| 마요네즈 | 1큰술 | 볶은 키노아 | 약간 |

❶ 키노아, 렌틸콩, 와일드라이스, 쌀을 넣고 밥을 지으세요.
밥물은 평소와 같이 잡으세요.

❷ 참치는 기름기를 뺀 후 마요네즈, 디종머스터드, 소금, 후춧
가루를 골고루 섞어주세요.

❸ 김은 불에 구운 후 직사각형으로 길게 자르세요.
만들어질 주먹밥 크기를 감안해 자르세요.

❹ ①을 버무려 주먹밥 모양을 만드세요. 이때 주먹밥 안에 ②와
멸치볶음을 각각 넣으세요.

❺ 주먹밥에 김을 붙이고 남은 재료들로 장식한 후 볶은 키노아
를 뿌리세요.

# 그린 냉파스타



| | | 드레싱 | |
|---|---|---|---|
| 키노아 | ¼컵 | 다진 마늘 | 2작은술 |
| 아마란스 | 1큰술 | 올리브유 | 8큰술 |
| 샐러드 채소 | 40g(2줌) | 발사믹식초 | 6큰술 |
| 방울토마토 | 8개 | 사과식초 | 3큰술 |
| 양파 | ¼개 | 설탕 | 2큰술 |
| 호밀파스타면 | 2인분 | 디종머스터드 | 2큰술 |
| 소금 | 약간 | 소금 | 약간 |
| | | 후춧가루 | 약간 |

**Quinoa + Amaranth**

냉파스타는 시간이 지나도 면이 퍼지지 않기 때문에 도시락으로 싸기에도 좋아요.

❶ 키노아와 아마란스는 삶은 후 물기를 빼주세요.

❷ 샐러드 채소는 깨끗이 씻어 물기를 빼고, 방울토마토는 반으로 자르세요. 양파는 반달 모양으로 채 썰어요.

❸ 끓는 물에 소금을 약간 넣고 파스타면을 삶으세요.

호밀파스타면을 사용하면 좀 더 고소하고 깊은 맛을 즐길 수 있어요

❹ 드레싱 재료를 골고루 섞어주세요.

❺ 삶은 파스타와 채소들, 그리고 드레싱을 가볍게 섞어 주세요.

샐러드 채소를 제외한 재료들을 먼저 드레싱과 섞어 15분 정도 재우면 맛이 더 잘 밴답니다.

# 렌틸 아마시드 쌈밥



렌틸콩과 아마시드, 여기에 현미를 더해 밥을 짓고 쌈채소에 싸먹어 보세요. 곡물 자체의 고소한 맛이 씹을수록 진하게 느껴지기 때문에 별다른 반찬이 없어도 충분해요.

👤 2인분
🕐 30분

| | | | |
|---|---|---|---|
| 렌틸콩 | ½컵 | **쌈장** | |
| 아마시드 | 1큰술 | 두부 | ¼모 |
| 현미 | ½컵 | 된장 | 2큰술 |
| 쌈채소 | 1팩 | | |

❶ 렌틸콩, 아마시드, 현미를 넣고 압력솥에 밥을 지으세요.
밥물은 평소처럼 넣으세요. 일반 솥에 밥을 할 때는 4시간 이상 불리세요.

❷ 두부는 물기를 빼고 으깨세요.
키친타월을 깔아 물기를 빼도 되고 2~3분 정도 전자레인지에 돌려도 돼요.

❸ 쌈장 재료를 골고루 섞어주세요.

❹ 쌈채소를 깨끗이 씻어 ①의 곡물밥과 ③의 쌈장을 곁들여 드세요.

# 와일드라이스 볶음밥

오늘은 차이니스 스타일로

| 와일드라이스 | ½컵 | 올리브유 | 4큰술 |
| --- | --- | --- | --- |
| 쌀 | ½컵 | 다진 마늘 | 1작은술 |
| 달걀 | 4개 | 다진 양파 | 4큰술 |
| 파 | 1대 | 두반장 | 4큰술 |
| 닭가슴살 | 1덩어리 | | |

## Wild Rice

간편하게 한 끼 해결하고 싶을 때 볶음밥만큼 유용한 메뉴도 없죠.
와일드라이스의 쫄깃한 식감은 볶음밥과 참 잘 어울려요.

❶ 와일드라이스와 쌀을 넣고 밥을 지으세요.

❷ 달걀은 풀고, 파는 송송 써세요. 닭가슴살은
1×1cm 크기로 써세요.

❸ 달군 프라이팬에 올리브유를 두르고 ②의
파 1/2 분량과 다진 마늘, 다진 양파를 넣고
볶아 향을 내세요.

❹ 향이 나면 닭가슴살을 넣고 볶다가, 익으면
두반장과 ①의 밥, 나머지 파를 넣고 볶아주
세요.

두반장은 매운 향이 나는 중국 소스예요. 슈퍼마켓에
서 쉽게 구입할 수 있어요.

❺ ④를 프라이팬 한쪽으로 몰고 남은 면적에
달걀을 풀어 스크램블드 에그를 만든 후 밥
과 섞어 드세요.

**Quinoa**

버섯, 토마토, 가지 등 포만감이 큰 채소를 구워 먹으면 따로 밥을 먹지 않아도 든든한 한 끼가 된답니다. 키노아 토핑으로 탄수화물과 단백질도 채워주세요.

👤 2인분
🕐 30분

| | | | |
|---|---|---|---|
| 키노아 | 2큰술 | 올리브유 | 2큰술 |
| 가지 | ½개 | 허브 가루 | 약간 |
| 주키니호박 | ¼개 | 후춧가루 | 약간 |
| 토마토 | 1개 | 소금 | 약간 |
| 표고버섯 | 4개 | 베이비 채소 | 1줌 |

❶ 키노아는 프라이팬에 기름 없이 볶아주세요.
볶은 키노아 혹은 키노아 크리스피를 바로 요리에 사용해도 좋아요.

❷ 가지와 주키니호박은 어슷하게, 토마토는 둥글게 썰고 표고 버섯은 기둥을 제거하세요.

❸ 볼에 올리브유, 허브 가루, 후춧가루, 소금, 손질한 채소를 넣 고 버무리세요.
허브 가루는 바질, 로즈메리, 파슬리 등 원하는 허브류를 사용하면 돼요.
들기름을 넣으면 색다른 맛이 나요.

❹ 베이비 채소는 깨끗이 씻어 물기를 빼세요.

❺ 그릴팬을 달구고 ③을 구우세요.

❻ 구운 채소 위에 베이비 채소를 올리고 볶은 키노아를 뿌리세요.

yummy
yummy
yummy

# 병아리콩 라자냐



혼자 있어도 그럴듯하게 식사하고 싶은 날. 그런 날에 딱 어울리는 병아리콩 라자냐입니다.

**2인분**

**40분**

| 재료 | | 루 | |
|---|---|---|---|
| 병아리콩 | ½컵 | | |
| 다진 소고기 | 100g(1줌) | 밀가루 | 2큰술 |
| 다진 양파 | ¼개분 | 버터 | 2큰술 |
| 토마토 소스 | 1컵 | | |
| 우유 | 1컵 | | |
| 라자냐면 | 4개 | | |
| 모차렐라 치즈 | 1컵 | | |

1. 병아리콩은 삶아 물기를 빼세요.

2. 삶은 병아리콩을 믹서에서 굵게 갈아준 후 우유와 골고루 섞으세요.
   생크림을 넣으면 더욱 깊은 맛이 나요. 취향에 따라 치즈를 첨가해도 좋아요.

3. 달군 프라이팬에 밀가루와 버터를 넣고 볶아 루를 만든 후 ②와 섞으세요.
   '루'는 밀가루 소스라고 생각하면 돼요. 타지 않게 약한 불에서 볶으세요.

4. 다진 소고기, 다진 양파를 볶은 후 토마토 소스를 넣고 잘 섞으세요.
   그냥 토마토 소스 보다는 파스타용 토마토 소스를 넣어야 풍미가 좋아요.

5. 끓는 물에 라자냐면을 넣어 4~5분 삶은 후 물기를 빼고 반으로 자르세요.
   찬물에 헹구지 말고 뜨거운 채로 그대로 두세요. 올리브유를 발라두면 서로 달라붙지 않아요.

6. 내열 용기에 삶은 라자냐면과 ③, ④, 모차렐라 치즈를 켜켜이 쌓아주세요. 가장 윗면에는 모차렐라 치즈를 덮어 마무리하세요.

7. 200℃로 예열한 오븐에서 20분간 구우세요.

# 렌틸콩 커리

👤 **2인분**
🕐 **40분**

| | | | |
|---|---|---|---|
| 렌틸콩 | ¼컵 | 올리브유 | 4큰술 |
| 양파 | ½개 | 커리 가루 | 4큰술 |
| 당근 | ½개 | 물 | 2컵 |
| 감자 | 1개 | 코코넛 크림 | 1컵 |
| 브로콜리 | ⅛개 | | |

### Lentil

렌틸콩을 가장 무난하고 만만하게 사용할 수 있는 방법 중 하나. 바로 커리에 넣는 것이죠.

❶ 렌틸콩은 5시간 이상 불린 후 물기를 빼세요.
주황색 렌틸콩은 불리지 않아도 괜찮아요.

❷ 양파, 당근, 감자는 모두 깍둑썰기 하고 브로콜리는 한입 크기로 써세요.

❸ 달군 프라이팬에 올리브유를 두른 후 손질한 채소를 넣고 볶아주세요.

❹ ③에 커리 가루를 넣고 볶다가 재료가 어느 정도 익으면 물과 렌틸콩을 넣고 20분 정도 푹 삶아주세요.

❺ 렌틸콩이 부드러워지면 코코넛 크림을 넣고 한소끔 더 끓여내세요.
코코넛 크림이 없으면 우유나 생크림을 넣어도 괜찮아요.

 Amaranth + Chick Pea

싸들고 어디론가 소풍 가고 싶은 아마란스 유부초밥. 새콤달콤한
병아리콩 장아찌가 입맛을 돋워줘요.

👤 2인분
🕐 30분

| | | | |
|---|---|---|---|
| 아마란스 | 1큰술 | **유부 양념장** | |
| 현미 | 1컵 | 간장 | 1큰술 |
| 당근 | ⅛개 | 설탕 | 1작은술 |
| 표고버섯 | 1개 | 물 | 1컵 |
| 실파 | 1줄기 | **장아찌** | |
| 올리브유 | 4큰술 | 병아리콩 | ¼컵 |
| 간장 | 2큰술 | 간장 | 3큰술 |
| 설탕 | 2작은술 | 식초 | 4큰술 |
| 유부 | 4장 | 설탕 | 2큰술 |

❶ 아마란스와 현미를 섞어 밥을 지으세요.

❷ 당근, 표고버섯은 0.5×0.5cm 크기로 썰고 실파는
송송 써세요.

❸ 달군 프라이팬에 올리브유를 두르고 표고버섯, 당
근을 볶다가 적당히 익으면 간장, 설탕을 넣고 볶아
주세요. 마지막에 밥과 실파를 넣고 잘 섞어주세요.

❹ 유부는 반으로 잘라 끓는 물에 5분 정도 삶으세요.

❺ 삶은 유부는 한 김 식히고 물기를 꽉 짠 후 냄비에
양념장 재료들과 넣고 조리세요.
유부에 적당히 간이 되어 있어야 맛있어요.

❻ 병아리콩은 삶은 후 물기를 빼세요.

❼ 냄비에 삶은 병아리콩과 장아찌 재료들을 넣고 한
소끔 끓인 후 식히세요.

❽ 유부에 밥을 채워 넣고 병아리콩 장아찌를 곁들여
드세요.

# 곡물밥 도시락

👤 2인분
🕐 30분

| 쌀 | ½컵 |
| --- | --- |
| 키노아 | 2큰술 |

### 키노아 오이무침

| 오이 | 1개 |
| --- | --- |
| 볶은 키노아 | 1큰술 |
| 간장Ⓐ | 1작은술 |
| 식초 | 1큰술 |
| 설탕 | ¼작은술 |
| 고춧가루 | ¼작은술 |

### 치아시드 달걀말이

| 치아시드 | 1큰술 |
| --- | --- |
| 달걀 | 2개 |
| 청주 | 2큰술 |
| 간장Ⓑ | ⅔작은술 |

### 아마란스 양념간장

| 볶은 아마란스 | 1큰술 |
| --- | --- |
| 간장 | 1큰술 |
| 실파 | 1대 |

❶ 쌀과 키노아를 섞어 밥을 지으세요(곡물밥).

❷ 오이는 송송 썰어 볶은 키노아, 간장Ⓐ, 식초, 설탕, 고춧가루와 버무리세요(키노아 오이무침).

❸ 믹싱볼에 치아시드와 달걀, 청주, 간장Ⓑ를 넣고 골고루 섞어주세요.

❹ 프라이팬에 ③을 붓고 달걀말이를 만든 후 한 김 식히고 먹기 좋게 자르세요(치아시드 달걀말이).

❺ 아마란스 양념간장 재료들을 골고루 섞어주세요.
실파는 송송 썰어서 넣어요.

❻ 밥과 오이무침, 달걀말이, 양념간장을 도시락에 담으세요.

키노아를 넣어 지은 밥과 치아시드 달걀말이, 키노아 오이무침으로 싼 도시락입니다.
밥은 아마란스 양념간장에 슥슥 비벼 드세요.

# 홈메이드 햄버거

👤 **2인분**
🕐 **30분**

| | | | |
|---|---|---|---|
| 키노아 | 4큰술 | 토마토 | 1개 |
| 렌틸콩 | ½컵 | 양파 | ¼개 |
| 다진 소고기 | 100g(1줌) | 양상추 | 4장 |
| 소금 | 약간 | 햄버거용 빵 | 2인분 |
| 후춧가루 | 약간 | 머스터드 | 적당량 |
| 카이엔 페퍼 | 약간 | 마요네즈 | 적당량 |

## Quinoa + Lentil

두툼한 패티가 들어간 수제 햄버거를 만들어 보세요. 패티에 키노아와 렌틸콩을 넣어주면 씹는 맛도 좋고 느끼함도 없어요.

❶ 키노아, 렌틸콩은 삶아서 물기를 빼세요.

❷ 한 김 식힌 후 다진 소고기와 섞으세요.
손으로 치대지 말고 수저로 가볍게 섞으세요.
그래야 부드럽고 육즙이 살아있어요.

❸ ②를 동그랗게 만든 후 살짝 눌러 패티를 만드세요.
이때도 역시 손으로 치대면 안 돼요.

❹ 토마토는 1cm 폭으로 동그랗게 썰고, 양파는 얇게 채 써세요. 양상추 잎은 손으로 잘게 뜯어주세요.

❺ 달군 프라이팬에 패티를 올리고 소금, 후춧가루, 카이엔 페퍼를 뿌린 후 구우세요.
카이엔 페퍼는 고춧가루의 일종으로 향긋하면서도 강한 매운맛이 나요. 소량 뿌리면 고기의 느끼한 맛을 잡아줘요.

❻ 햄버거 빵 안쪽에 머스터드와 마요네즈를 적당히 바른 후 구운 패티와 채소들을 넣어 햄버거를 만드세요.
햄버거 빵을 따뜻하게 구워 사용하면 더욱 좋아요.

시중에선 살 수 없는 참 고급스러운 김밥

A∵ Oat + Amaranth

슈퍼 곡물로 김밥을 만들 때는 고기, 참치 등 진한 맛의 재료를 넣는 것보다는 채소를 풍부하게 넣어 곡물 특유의 고소한 맛이 살도록 해주는 것이 좋아요.

👤 2인분
🕐 30분

| | | | |
|---|---|---|---|
| 귀리 | 4큰술 | 사과 | ¼개 |
| 아마란스 | 2큰술 | 플레인 요거트 | 1큰술 |
| 쌀 | ½컵 | 설탕 | ¼작은술 |
| 양배추 | 4큰술 | 참기름 | 1큰술 |
| 당근 | ¼개 | 소금 | 약간 |
| 오이 | ½개 | 김밥용 김 | 2장 |

❶ 귀리, 아마란스, 쌀을 넣고 밥을 지으세요.

❷ 양배추, 당근, 오이, 사과는 길게 채를 써세요.

❸ 플레인 요거트와 설탕은 잘 섞어주세요.

❹ 밥에 참기름과 소금을 넣어 골고루 섞으세요.

❺ 김밥용 김에 밥과 채 썬 채소를 깔고 ③을 고루 뿌린 후 김밥을 말아주세요.
김밥을 자른 후 소스를 나중에 뿌려 먹어도 괜찮아요. 미리 뿌리면 맛이 더 잘 배어 맛있어요.

샐러드, 아니죠. 사라다예요.

# 병아리콩 에그 샌드위치



어릴 적 엄마가 만들어주시던 추억의 맛 같은 샌드위치.
속에 들어가는 것은 '샐러드'가 아니라 '사라다'라고 불러줘야 해요.

👤 2인분
🕐 30분

| | | | |
|---|---|---|---|
| 병아리콩 | ¼컵 | 머스터드 | 1큰술 |
| 달걀 | 2개 | 소금 | 약간 |
| 셀러리 | 10cm | 후춧가루 | 약간 |
| 양파 | ¼개 | 식빵 | 4장 |
| 마요네즈 | 2큰술 | | |

❶ 병아리콩은 삶은 후 물기를 빼세요.

❷ 달걀은 반숙으로 삶은 후 잘게 다지세요.
완숙보다는 반숙으로 삶아야 맛있어요. 5~7분 정도 삶으면 노른자가 흐르지 않을 정도로 적당히 삶아져요.

❸ 셀러리와 양파는 얇게 한 입 크기로 썰어요.

❹ 마요네즈, 머스터드, 소금, 후춧가루와 ①, ②, ③을 골고루 섞어주세요.

❺ 식빵 사이에 ④를 적당히 넣어주세요.

# 삼총사 크로켓



렌틸콩, 키노아, 병아리콩 3총사로 크로켓을 만들어 떡볶이 국물에 찍어 먹으면 얼마나 맛나는지 몰라요. 분식이 당기는 날 추천해요.

👤 2인분
🕐 30분

| | | 튀김옷 | | 떡볶이 국물 | |
|---|---|---|---|---|---|
| 렌틸콩 | 4큰술 | 달걀Ⓑ | 1개 | 다시마물 | 1컵 |
| 키노아 | 1큰술 | 빵가루Ⓑ | ⅓컵 | 고추장 | 2큰술 |
| 병아리콩 | 4큰술 | 밀가루 | ¼컵 | 고춧가루 | 1큰술 |
| 달걀Ⓐ | ½개 | | | 간장 | 1작은술 |
| 빵가루Ⓐ | 4큰술 | | | 설탕 | 2큰술 |
| 다진 파 | ¼작은술 | | | 파 | 5cm |
| 다진 양파 | ¼개분 | | | | |
| 식용유 | 적당량 | | | | |

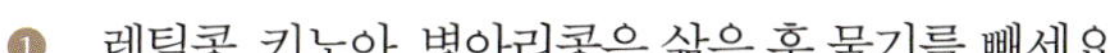

❶ 렌틸콩, 키노아, 병아리콩은 삶은 후 물기를 빼세요.

❷ ①을 믹서에 굵게 간 후 달걀Ⓐ, 빵가루Ⓐ, 다진 파, 다진 양파와 함께 골고루 섞으세요.

❸ 동그랑땡 모양으로 동글납작하게 만드세요.

❹ ③에 밀가루-달걀Ⓑ-빵가루Ⓑ를 순서대로 입히세요.

❺ 냄비에 식용유를 넉넉히 붓고 튀기세요.

❻ 떡볶이 국물 재료를 분량대로 섞어 끓인 후 크로켓과 버무려 드세요.

파는 송송 썰어 마지막에 토핑으로 얹어 주세요

우아한 풍미

# 귀리 크림 리소토

## Oat

본래 리소토는 쌀을 불리지 않고 볶아 쌀알의 아삭한 맛을 즐기는 것이 포인트. 하지만 귀리는 쌀보다 딱딱하기 때문에 물에 불리고 한 번 익힌 후 만들어야 맛있어요.

2인분
30분

| 귀리 | ½컵 | 우유 | 4컵 | **루** | |
|---|---|---|---|---|---|
| 양송이버섯 | 4개 | 생크림 | 1컵 | 버터 | 2큰술 |
| 맛타리버섯 | 100g(2줌) | 소금 | 약간 | 밀가루 | 2큰술 |
| 양파 | ¼개 | 후춧가루 | 약간 | | |
| 올리브유 | 4큰술 | 허브 가루 | 약간 | | |
| 다진 마늘 | 1작은술 | 그라나 파다노 치즈 | 약간 | | |

❶ 귀리는 압력솥에 익히세요.

❷ 양송이버섯은 반으로 자르고, 맛타리버섯은 낱낱이 뜯고, 양파는 굵게 채 썰어요.
맛타리버섯 대신 느타리버섯을 넣어도 괜찮아요.

❸ 달군 프라이팬에 올리브유를 두르고 채 썬 양파와 다진 마늘을 넣고 볶아주세요.

❹ 향이 나면 버섯을 넣고 겉면이 노릇해질 때까지 볶으세요.

❺ ④의 한쪽에 버터와 밀가루를 넣고 섞어 루를 만드세요.

❻ 우유와 생크림을 넣고 골고루 섞어주세요.

❼ 익힌 귀리를 넣은 후 골고루 젓고 소금과 후춧가루로 간을 하세요.

❽ 취향따라 허브 가루를 뿌리고 맨 위에 그라나 파다노 치즈를 올려 내세요.
그라나 파다노 치즈는 풍미가 좋고 이탈리아 요리와 잘 어울려요. 없다면 파르메산 치즈를 올려도 괜찮아요.

## Chick Pea + Quinoa

미트볼을 좀 더 커다란 형태로 만든 것을 로프라고 해요.
다진 고기와 병아리콩, 키노아를 섞어 로프를 만들어보세요.

👤 2인분
🕐 1시간 20분

| | | | |
|---|---|---|---|
| 병아리콩 | ¼컵 | 다진 양파 | ¼개분 |
| 키노아 | 4큰술 | 다진 마늘 | 1큰술 |
| 식빵 | 2장 | 소금 | 약간 |
| 우유 | ½컵 | 후춧가루 | 약간 |
| 다진 소고기 | 100g(1줌) | 달걀 | 1개 |
| 다진 돼지고기 | 200g(2줌) | 토마토 소스 | 1컵 |

① 병아리콩, 키노아는 삶은 후 물기를 빼세요.

② 식빵은 믹서에 간 후 우유와 함께 촉촉하게 섞어주세요.

③ ①을 한 김 식힌 후 ②와 다진 소고기, 다진 돼지고기, 다진 양
파, 다진 마늘, 달걀, 소금, 후춧가루와 함께 골고루 섞으세요.

④ 작은 파운드틀에 ③을 넣은 후 175℃로 예열한 오븐에서
1시간 구우세요.

⑤ 토마토 소스를 따뜻하게 데운 후 ④의 위에 바르고 적당한
크기로 잘라 드세요.

Today's Mexican lunch

# 렌틸콩 브리토

### Lentil

브리토는 토르티야에 밥과 여러 가지 재료를 넣어 돌돌 말아먹는 멕시코 요리예요. 밥 대신 렌틸콩을 넣어주어도 아주 맛있답니다.

**2인분**
**30분**

| | | | |
|---|---|---|---|
| 렌틸콩 | ¼컵 | 올리브유 | 2큰술 |
| 양상추 | 4장 | 소금 | 약간 |
| 양파 | ½개 | 후춧가루 | 약간 |
| 닭가슴살 | 2덩어리 | 토르티야 | 4장 |
| 토마토 | 1개 | 플레인 요거트 | 적당량 |

❶ 렌틸콩은 삶고 물기를 빼세요.

❷ 양상추, 양파, 닭가슴살은 채 썰고 토마토는 반달 모양으로 써세요.

❸ 달군 프라이팬에 올리브유를 두르고 닭가슴살에 소금, 후춧가루를 뿌린 후 구우세요.

❹ 마른 프라이팬에 토르티야를 따뜻하게 데우세요.

❺ 데운 토르티야에 손질한 재료들을 적당히 올리고 플레인 요거트를 뿌린 후 돌돌 말아드세요.

각 재료의 양은 취향에 따라 조절하면 된답니다.
좋아하는 채소와 소스를 곁들여도 좋아요. 닭고기 대신 소고기, 돼지고기, 해산물을 넣어도 잘 어울려요.

# 렌틸 소고기 덮밥

### Lentil

렌틸콩은 고기 요리에 참 잘 어울려요. 고기 요리를 할 때 고기 분량을 조금 줄이고 렌틸콩을 넣어보세요.

2인분
30분

| | | | |
|---|---|---|---|
| 렌틸콩 | ¼컵 | 다진 마늘 | 1큰술 |
| 양파 | ½개 | 다진 소고기 | 100g(1줌) |
| 양배추 | 4장 | 간장 | 4큰술 |
| 부추 | 10g(⅓줌) | 설탕 | 1큰술 |
| 올리브유 | 2큰술 | 밥 | 2인분 |

1. 렌틸콩은 삶은 후 물기를 빼세요.

2. 양파, 양배추는 2×2cm 크기로 깍둑 썰고, 부추는 송송 써세요.

3. 달군 프라이팬에 올리브유를 두른 후 다진 마늘, 양파, 양배추를 넣고 볶아주세요.

4. 채소가 반 정도 익으면 다진 소고기와 삶은 렌틸콩을 넣고 볶아주세요.

5. 간장과 설탕을 넣고 볶은 후 밥 위에 얹고 송송 썬 부추를 뿌려주세요.

# 스테이크 정식

👤 **2인분**
🕐 **30분**

| | | | |
|---|---|---|---|
| 키노아 | ¼컵 | 소금 | 약간 |
| 렌틸콩 | ¼컵 | 후춧가루 | 약간 |
| 현미 | ¼컵 | 버터 | 2큰술 |
| 아스파라거스 | 4대 | 로즈메리 | 2줄기 |
| 양송이버섯 | 4개 | 스테이크용 고기 | 2인분 |
| 토마토 | 2개 | 씨머스터드 | 4큰술 |
| 올리브유 | 1큰술 | | |

### Quinoa + Lentil

고기와 밥은 같이 안 먹는 게 좋다고들 하지만, 백미에 비해 당이 적고 미네랄이 풍부한 현미와 키노아, 렌틸콩을 넣어 지은 밥이라면 영양 밸런스가 잘 맞으니 괜찮아요.

❶ 키노아, 렌틸콩, 현미는 압력솥에 넣고 밥을 지으세요.

❷ 아스파라거스, 양송이버섯, 토마토는 먹기 좋은 크기로 자르세요.

❸ 달군 프라이팬에 올리브유를 두른 후 ②를 볶고 소금과 후춧가루로 간을 하세요.

❹ 달군 프라이팬에 버터를 올리고, 버터가 녹으면 로즈메리를 올린 후 스테이크용 고기를 구우세요.

고기도 소금과 후춧가루로 간을 하세요.

❺ 접시에 밥과 스테이크, 익힌 채소들을 올리고 씨머스터드를 곁들여 내세요.

울적한 날엔 매콤한 음식으로 힐링

# 와일드라이스 제육볶음

👤 2인분
🕐 30분

| | | 양념장 | |
|---|---|---|---|
| 와일드라이스 | 4큰술 | **양념장** | |
| 아마시드 | 1큰술 | 고추장 | 3큰술 |
| 애호박 | ¼개 | 고춧가루 | 1큰술 |
| 양파 | ¼개 | 간장 | 1큰술 |
| 당근 | ¼개 | 다진 마늘 | 1큰술 |
| 대파 | 1대 | 청주 | 1큰술 |
| 돼지고기 앞다리살 | 300g(3줌) | 설탕 | 1큰술 |
| 볶은 키노아 | 약간 | 후춧가루 | 약간 |

Wild Rice + Flax Seed + Quinoa

돼지고기의 식감에 쫄깃한 와일드라이스와 바삭한 아마시드가 재미를 주는 제육볶음. 와일드라이스 양을 조금 더 넣으면 밥을 따로 곁들이지 않아도 괜찮아요.

① 와일드라이스와 아마시드는 물에 1시간 이상 불린 후 냄비에 삶고 물기를 빼세요.
압력솥에선 불리는 시간 없이 바로 삶으세요.

② 애호박은 반달로 썰고, 양파는 채 썰고, 당근과 대파는 어슷하게 써세요.

③ 돼지고기 앞다리살은 한 입 크기로 써세요.

④ 양념장 재료들을 분량대로 골고루 섞어주세요.

⑤ 달군 프라이팬에 돼지고기를 넣고 볶으세요.

⑥ 고기가 반 정도 익으면 썰어둔 채소들과 양념장, 와일드라이스, 아마시드를 넣고 함께 익히세요.

⑦ 마지막에 볶은 키노아를 뿌려 내세요.

# 커리 크림 파스타

👤 2인분
🕐 30분

| 오트밀 | ½컵 | 주키니호박 | ¼개 |
| 우유 | 2컵 | 올리브유 | 4큰술 |
| 렌틸콩 | ¼컵 | 생크림 | 2컵 |
| 짧은 파스타 | 150g(2줌 반) | 커리 가루 | 4큰술 |
| 양파 | ¼개 | 소금 | 약간 |
| 마늘 | 4쪽 | 후춧가루 | 약간 |
| 새우 | 8마리 | | |

### Oat + Lentil

크림 파스타에 커리 가루를 넣어주면 느끼한 맛을 싫어하는 사람들도 맛있게 먹을 수 있어요. 거기에 오트밀도 갈아 넣으면 어찌나 고소해지는지!

❶ 오트밀과 우유는 믹서에 곱게 갈아주세요.

❷ 렌틸콩은 삶은 후 물기를 빼세요.

❸ 파스타는 끓는 물에 소금을 약간 넣고 삶은 후 물기를 빼세요.

❹ 양파는 다지고, 마늘은 편 써세요. 새우는 껍질을 벗기고 주키니호박은 반으로 잘라 어슷하게 써세요.
벗긴 새우 껍질은 버리지 말고 두세요.

❺ 달군 팬에 올리브유를 두르고 손질해둔 양파, 마늘, 새우 껍질을 넣고 볶아주세요.
새우 껍질을 같이 볶아주면 풍미가 더 좋아져요.

❻ 향이 나면 새우 껍질은 빼내고 렌틸콩, 새우, 주키니호박을 넣고 볶으세요.

❼ 다 익었으면 새우는 건져내고 ①과 생크림, 커리 가루를 넣고 끓이세요.
새우는 오래 익히면 질겨져요.

❽ 약한 불에서 5분 정도 더 끓인 후 새우와 파스타를 넣고 골고루 섞은 다음 소금, 후춧가루로 간을 하세요.

# Chapter 3

# 슈퍼 곡물로 저녁 식사 만들기

# Dinner!

늘 먹는 김치, 깍두기부터 간단
한 밑반찬, 따끈한 찌개와 탕, 갑
자기 손님이 와도 끄떡없는 근
사한 메인 요리까지…
오늘 저녁상에 오를 메뉴들에도
슈퍼 곡물이 야무지게 들어가
있습니다.

**Quinoa**

김치 양념에 키노아를 더해 깍두기를 담그면 부드럽게 씹히는 맛이 있으면서 아삭하니 맛있어요.

👤 5~10회분
🕐 1시간 20분

| 무 | ⅔개 | **김치 양념** | |
| --- | --- | --- | --- |
| 소금 | 1큰술 | 고춧가루 | 4큰술 |
| 실파 | 4대 | 다진 마늘 | 2큰술 |
| 키노아 | 4큰술 | 액젓 | 2큰술 |
| | | 새우젓 | 2큰술 |
| | | 찹쌀풀 | 1컵 |
| | | (물 1컵 + 찹쌀가루 1큰술) | |
| | | 매실청 | 2큰술 |

❶ 무는 깍둑썰기 한 후 소금에 1시간 이상 재우세요.

❷ 실파는 2cm 길이로 써세요.

❸ 키노아는 삶은 후 물기를 빼세요.

❹ 김치 양념을 분량대로 골고루 섞으세요.

❺ 무와 김치 양념을 잘 섞고 마지막에 키노아를 넣어 버무리세요.

**Amaranth**

김치 겉절이를 만들 때 아마란스를 토핑처럼 뿌려주면 매콤한 샐러드 먹듯 김치를 즐길 수 있어요.

2회분
30분

| 겉절이용 배추 | ¼포기 | **김치 양념** | |
|---|---|---|---|
| 아마란스 | 2큰술 | 고춧가루 | 2큰술 |
| | | 액젓 | 2큰술 |
| | | 다진 마늘 | 1큰술 |
| | | 설탕 | 1작은술 |

① 겉절이용 배추는 먹기 좋게 어슷하게 써세요.

② 아마란스는 물에 15분 이상 불린 후 물기를 빼고 마른 팬에 볶아주세요.
노릇해질 때까지 볶아야 딱딱하지 않아요.

③ 김치 양념을 분량대로 골고루 섞은 후 배추와 버무리세요.

④ 마지막에 아마란스를 넣고 골고루 버무리세요.

# 키노아 두부 조림

**Quinoa**

마땅한 반찬이 없는 날 곧잘 하게 되는 두부 조림. 키노아를 넣어 같이 조려주면 익숙한 듯 다른 느낌의 두부 조림이 된답니다.

👤 2인분
🕐 30분

| 두부 | 1모 | **양념** | |
| --- | --- | --- | --- |
| 청·홍고추 | 1개씩 | 간장 | 4큰술 |
| 대파 | ½대 | 고춧가루 | 2큰술 |
| 다시마물 | 1컵 | 다진 마늘 | 1작은술 |
| (다시마 1쪽+물 2컵) | | 설탕 | 1작은술 |
| 키노아 | 1큰술 | | |

❶ 두부는 도톰하게 썰고, 청·홍고추와 대파는 송송 썰어두세요.

❷ 냄비에 다시마물과 키노아를 넣고 끓이세요.

❸ 양념 재료들을 잘 섞어주세요.

❹ ②가 끓기 시작하면 5분 정도 더 끓인 후 양념과 두부, 청·홍고추, 대파를 넣고 10분 정도 조리세요.

# 렌틸 동그랑땡

## Lentil

동그랑땡 만들 때 렌틸콩을 같이 넣어주면 식감도 좋고 맛이 잘 어울려요. 고기 양은 줄어들지만 영양은 더 풍부해지지요.

👤 2인분
🕐 30분

| | | | |
|---|---|---|---|
| 렌틸콩 | 4큰술 | 소금 | 약간 |
| 양파 | ¼개 | 후춧가루 | 약간 |
| 파 | ¼대 | 밀가루 | ½컵 |
| 당근 | ⅛개 | 달걀물 | 1개분 |
| 다진 돼지고기 | 100g(1줌) | 식용유 | 적당량 |
| 다진 마늘 | ¼작은술 | | |

❶ 렌틸콩은 삶은 후 물기를 빼세요.

❷ 양파, 파, 당근은 곱게 다지세요.

❸ 다진 돼지고기와 렌틸콩, 다진 채소, 다진 마늘, 소금, 후춧가루를 골고루 섞어 동그랑땡을 만드세요.

❹ ③에 밀가루, 달걀물을 순서대로 묻히세요.

❺ 달군 프라이팬에 식용유를 두르고 노릇하게 부치세요.

# 삼색 나물

**Quinoa + Amaranth**

나물 무칠 때도 슈퍼 곡물들을 유용하게 쓸 수 있답니다. 아마란스는 같이 삶아서 양념과 무치고 키노아는 깨처럼 마지막에 뿌려주세요.

👤 2인분
🕐 30분

| 키노아 | 1큰술 | **고사리 양념** | |
| --- | --- | --- | --- |
| 시금치 | 10포기 | 다진 마늘 | 1작은술 |
| 불린 고사리 | 100g(1줌) | 들기름 | 1큰술 |
| 무 | ⅓개 | 조선간장 | 1작은술 |
| **시금치 양념** | | **무 양념** | |
| 조선간장 | ½큰술 | 소금 | 약간 |
| 참기름 | 1작은술 | 아마란스 | 1큰술 |

❶ 키노아는 프라이팬에 기름 없이 볶아주세요.

❷ 시금치는 끓는 물에 10초 정도 데친 후 물기를 꼭 짜고 조선간장, 참기름을 넣고 버무리세요.

❸ 불린 고사리는 프라이팬에 다진 마늘, 들기름, 조선간장과 함께 볶아주세요.

❹ 무는 채 썬 후 냄비에 넣고 물을 자작하게 부은 다음 소금, 아마란스를 넣고 삶아주세요.
물이 거의 다 없어질 때까지 삶아주면 됩니다.

❺ ②, ③, ④의 나물에 볶은 키노아를 뿌려 내세요.

# 병아리콩 된장찌개

**Chick Pea**

된장찌개 끓일 때 삶은 병아리콩을 조금 넣어주면 청국장 같은 식감과
함께 한층 구수해진 국물을 맛볼 수 있어요.

👤 2인분
🕐 30분

| | | | |
|---|---|---|---|
| 병아리콩 | 1큰술 | 애호박 | 3cm |
| 다시마 | 1쪽 | 파 | ⅛대 |
| 물 | 2컵 | 청·홍고추 | ½개씩 |
| 두부 | ⅛모 | 된장 | 1큰술 |
| 백만송이버섯 | 50g(1줌) | | |

❶ 냄비에 병아리콩과 다시마, 물을 넣고 푹 삶아주세요.

❷ 두부는 깍둑썰기 하세요. 백만송이버섯은 낱낱이 떼고, 애호
박은 반달 모양으로 썰고, 파와 청·홍고추는 송송 써세요.

❸ 병아리콩이 부드럽게 익으면 버섯, 애호박, 된장을 넣고 끓이
세요.

❹ 재료들이 거의 익으면 두부, 청·홍고추, 파를 넣고 한소끔 더
끓여 내세요.

 Oat

저녁을 가볍게 해결하고 싶을 땐 귀리를 넣어 달걀찜을 만들어보세요.
밥 없이 이것만 먹어도 충분해요.

👤 2인분
🕐 30분

| 귀리 | 2큰술 |
| --- | --- |
| 파 | ¼대 |
| 참기름 | 1큰술 |
| 다시마멸치육수 | 1컵 |

(다시마 1쪽+멸치 3~4개+물 2컵)

| 달걀 | 3개 |
| --- | --- |
| 새우젓 | ½작은술 |

❶ 귀리는 삶은 후 물기를 빼세요.

❷ 파는 송송 썰어두세요.

❸ 냄비에 다시마멸치육수 재료를 넣고 끓이세요.

❹ 물이 끓으면 멸치와 다시마는 건지고 뚝배기에 참기름을 넣
  으세요.

❺ 달걀과 새우젓을 풀어 넣으세요.

❻ 끓으면 불을 줄이고, 달걀이 2/3 정도 익으면 귀리와 파를 넣
  고 조금 더 익히세요.
  취향에 따라 반숙으로 익혀도 좋아요.

# 아마시드 봄나물전

👤 **2인분**
🕐 **30분**

| | | 초고추장 | |
|---|---|---|---|
| 아마시드 | 2큰술 | 고추장 | 1큰술 |
| 부침가루 | ½컵 | 식초 | 1큰술 |
| 물 | ⅔컵 | 설탕 | ½작은술 |
| 냉이 | 12뿌리 | | |
| 식용유 | 약간 | | |

🌿 **Flax Seed**

아마시드는 기름과 만났을 때 특유의 비릿한 맛이 감춰지면서 가장 맛이 사는 것 같아요. 지글지글 기름진 요리가 당기는 날, 아마시드를 넣고 전을 부쳐보세요.

① 아마시드는 하룻밤 물에 불린 후 물기를 빼세요.

② 아마시드와 부침가루, 물을 골고루 섞으세요.

③ 냉이는 깨끗이 손질한 후 먹기 좋은 크기로 써세요.
다른 봄나물로 대체해도 좋아요.

④ ②에 냉이를 넣어 부침옷을 입히세요.

⑤ 달군 프라이팬에 식용유를 두르고 ④를 1큰술씩 떠서 앞뒤로 노릇하게 지져주세요.

⑥ 초고추장을 곁들여 드세요.

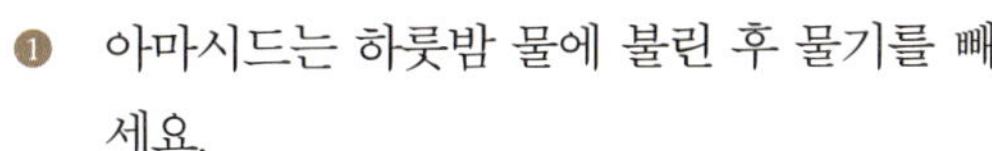

# 렌틸콩 생선 조림

**Lentil**

집 한구석에 쌓여 있는 렌틸콩들. 조림 요리 할 때 두루두루 넣어주면 아낌없이 야무지게 활용할 수 있어요.

👤 2인분
🕐 30분

| 삼치 혹은 고등어 | 1마리 | 양념장 | |
| --- | --- | --- | --- |
| 무 | ¼개 | 간장 | 4큰술 |
| 청양고추 | 1개 | 고춧가루 | 2큰술 |
| 홍고추 | 1개 | 설탕 | 1큰술 |
| 양파 | ¼개 | 청주 | 1큰술 |
| 대파 | ½대 | 다진 마늘 | 1작은술 |
| 렌틸콩 | ¼컵 | 후춧가루 | 약간 |
| 다시마 | 1쪽 | | |
| 물 | 2컵 | | |

① 삼치나 고등어를 깨끗이 씻어 손질하세요.

② 무는 2cm 폭으로 도톰하게 써세요. 고추는 어슷하게 썰고, 양파는 채 썰고, 대파도 어슷하게 써세요.

③ 렌틸콩, 무, 다시마, 물을 냄비에 넣고 끓이세요.
이 단계에서 렌틸콩을 넣으면 렌틸콩이 으깨져서 국물이 걸쭉해져요. 국물에 밥을 비벼 먹으면 무척 고소하답니다.

④ 무가 반 정도 익으면 생선과 양파, 양념장을 냄비에 넣고 끓이세요.
양념을 틈틈이 끼얹어 가면서 조리세요.

⑤ 무가 다 익으면 청·홍고추와 파를 넣고 한소끔 끓인 후 불을 끄세요.

# 와일드라이스 홍합탕

| | | | |
|---|---|---|---|
| 홍합 | 700g(7줌) | 홍고추 | 1개 |
| 와일드라이스 | 4큰술 | 대파 | ½대 |
| 마늘 | 4쪽 | 올리브유 | 4큰술 |
| 양파 | ¼개 | 청주 | 4큰술 |
| 청양고추 | 1개 | | |

❶ 홍합은 깨끗이 손질하세요.
솔을 이용해 껍질의 이물질을 제거한 후 헹궈두세요.

❷ 와일드라이스는 삶은 후 물기를 빼세요.

❸ 마늘은 편 썰고, 양파는 두껍게 채 썰고, 청양고추와 홍고추, 대파는 어슷
하게 써세요.

❹ 달군 프라이팬에 올리브유를 두른 후 마늘과 양파를 먼저 볶아 향을 내
세요.

❺ 양파가 반쯤 익으면 고추와 대파를 넣고 조금 더 볶으세요.

❻ 양파가 거의 익으면 홍합과 청주, 삶은 와일드라이스를 넣고 한소끔 더
끓이세요.

## Wild Rice

요리를 할 때는 색을 잘 맞추는 것도 중요하답니다. 홍합 요리를 할 때는
컬러가 비슷한 와일드라이스를 활용해보세요.

술안주로도 딱!

# 매콤 도토리묵

👤 2인분
🕐 20분

| 도토리묵 | 1덩어리 | **양념장** | |
|---|---|---|---|
| 아마시드 | 2큰술 | 고춧가루 | 2큰술 |
| 깻잎 | 4장 | 간장 | 4큰술 |
| 상추 | 8장 | 들기름 | 1큰술 |
| 치커리 | 4줄 | 식초 | 2큰술 |
| | | 설탕 | 2큰술 |

🌾 Flax Seed

도토리묵 무칠 때 아마시드를 토핑으로 뿌려도 맛있어요. 매콤하게 양념해주면 밥 반찬으로도, 술안주로도 딱!

❶ 도토리묵은 한 입 크기로 자른 후 끓는 물에 10초 정도 데치고 물기를 빼세요.
한 번 데쳐서 사용해야 특유의 떫은맛이 나지 않아요.

❷ 아마시드는 프라이팬에 기름 없이 볶아주세요.

❸ 깻잎, 상추, 치커리는 한 입 크기로 뚝뚝 잘라주세요.

❹ 양념장은 분량대로 골고루 섞으세요.

❺ 먹기 직전에 도토리묵과 채소, 양념장을 버무리고 아마시드를 뿌리세요.

# 와일드라이스 가지 볶음

## Wild Rice

갑자기 손님이 온 날, 가지에 두반장, 와일드라이스를 넣고 후루룩
볶아보세요. 별다른 양념 없이도 꽤 근사한 요리가 완성돼요.

👤 2인분
🕐 30분

| 와일드라이스 | 4큰술 | 올리브유 | 4큰술 |
| --- | --- | --- | --- |
| 가지 | 1개 | 다진 마늘 | 1큰술 |
| 숙주 | 100g(2줌) | 두반장 | 2큰술 |
| 실파 | 2대 | | |

① 와일드라이스는 삶은 후 물기를 빼세요.

② 가지는 반으로 잘라 어슷하게 써세요. 숙주는 씻
　은 후 물기를 빼고 실파는 4cm 길이로 써세요.

③ 달군 프라이팬에 올리브유를 두른 후 다진 마늘을
　넣고 볶아 향을 내세요.

④ 향이 나면 가지를 넣고 볶으세요.

⑤ 가지가 반 이상 익으면 두반장, 와일드라이스를
　넣고 볶으세요.

⑥ 두반장이 가지에 거의 배어들면 실파, 숙주를 넣
　고 가볍게 한 번 더 볶아 내세요.

**∴· Amaranth + Oat**

밑반찬 하면 빠질 수 없는 멸치 볶음. 가끔은 견과류 대신 아마란스, 귀리 등 슈퍼 곡물들을 넣어보세요.

👤 1~2회분
🕐 30분

| | |
|---|---|
| 아마란스 | 1큰술 |
| 귀리 | 1큰술 |
| 올리브유 | 1큰술 |
| 볶음용 멸치 | 1컵 |
| 올리고당 | 1큰술 |
| 설탕 | 1작은술 |

❶ 아마란스와 귀리는 물에 1시간 이상 불린 후 물기를 빼고 마른 팬에 볶으세요.

❷ 달군 프라이팬에 올리브유을 두른 후 멸치를 볶아주세요.
그냥 바로 볶음용 멸치를 넣어도 무방하지만 물에 헹궜을 경우에는 체를 탁탁 쳐서 물기를 최대한 빼세요

❸ 멸치가 바삭해지면 올리고당과 설탕을 넣고 볶으세요.

❹ ③에 볶은 아마란스와 귀리를 넣고 섞어주세요.
멸치 자체에 짠맛이 있어 따로 간을 하지 않아도 괜찮아요.

# 귀리 와일드라이스 닭볶음탕

👤 **2인분**
🕐 **30분**

| | | | |
|---|---|---|---|
| 와일드라이스 | ¼컵 | 올리브유 | 2큰술 |
| 귀리 | ¼컵 | 물 | 5컵 |
| 양파 | 1개 | **양념장** | |
| 고구마 | 1개 | 고추장 | 4큰술 |
| 대파 | 1대 | 조청 | 2큰술 |
| 닭볶음탕용 닭 | 1마리 | 간장 | 1큰술 |
| 다진 마늘 | 1작은술 | 고춧가루 | 1큰술 |

## Oat + Wild Rice

닭볶음탕 만들 때 와일드라이스와 귀리를 넣어주면 매운맛이 살짝 중화되고, 밥을 따로 하지 않아도 돼서 편리해요.

① 와일드라이스와 귀리는 깨끗이 씻은 후 물기를 빼세요.

② 양파와 고구마는 깍둑썰기 하고, 대파는 5cm 길이로 썰어 반으로 자르세요.

③ 냄비에 양파, 고구마, 닭볶음탕용 닭, 다진 마늘, 올리브유를 넣고 센 불에서 볶으세요.

④ 재료들의 겉면이 노릇해지면 물, 귀리, 와일드라이스를 넣고 끓이고, 국물이 끓기 시작하면 불을 중간으로 줄이세요.

⑤ 닭이 반 정도 익으면 양념장을 넣어준 후 불을 약하게 줄이고 양념이 고루 밸 때까지 조리세요.

조청이 없을 때는 물엿을 1큰술 반 넣으세요.

⑥ 재료들이 다 익으면 파를 넣고 한소끔 더 끓인 후 그릇에 담아 내세요.

속을 파내고 귀리, 와일드라이스, 병아리콩을 채워 익힌 스터프드 호박.
만들기도 쉽고 비주얼도 이색적이어서 손님 올 때 딱 좋아요.



👤 2인분
🕐 30분

| 귀리 | ¼컵 | 생크림 | ½컵 |
|---|---|---|---|
| 와일드라이스 | ¼컵 | 소금 | 약간 |
| 병아리콩 | ¼컵 | 후춧가루 | 약간 |
| 미니 단호박 | 1개 | | |

❶ 귀리, 와일드라이스, 병아리콩은 삶은 후 물기를 빼세요.

❷ 미니 단호박의 위쪽을 딴 후 속을 파내세요.

❸ 단호박에 ①을 채운 후 생크림과 소금, 후춧가루를 넣고 잘
섞으세요.
생크림 대신 크림 파스타 소스를 사용해도 괜찮아요.

❹ 찜통에 넣고 단호박이 부드러워질 때까지 찌세요.

# 귀리 누룽지탕

<table>
<tr><td>👤 2인분</td></tr>
<tr><td>🕐 40분</td></tr>
</table>

| | | | | | |
|---|---|---|---|---|---|
| 귀리 | ¼컵 | 양파 | ¼개 | 고추기름 | 2큰술 |
| 찹쌀 | ¼컵 | 마늘 | 4개 | 청주 | 2큰술 |
| 오징어 | ½마리 | 양배추잎 | 1장 | 물 | 3컵 |
| 새우 | 4마리 | 당근 | ⅛개 | 굴 소스 | 2큰술 |
| 홍합 | 10개 | 파 | ¼대 | 전분물 | 2큰술 |
| 청경채 | 4개 | 식용유 | 적당량 | | (전분 2큰술+물 2큰술) |

❶ 귀리와 찹쌀을 섞어 밥을 지으세요.

❷ 오징어는 손가락 굵기로 썰어 칼집을 내고, 5cm 길이로 써세요. 새우
와 홍합도 깨끗이 씻어 손질하세요.

❸ 청경채는 4등분 하고, 양파는 도톰하게 채 썰고, 마늘은 편 써세요. 양
배추는 손가락 굵기로 썰고, 당근은 반으로 잘라 어슷하게 썰고, 파는
4cm 길이로 썰어 4등분 하세요.

❹ ①의 밥이 다 되었으면 프라이팬에 납작하게 구워 누룽지를 만드세요.
기름 없이 앞뒤로 노릇하게 구우세요

❺ 누룽지를 한 입 크기로 자른 후 식용유에 넣고 튀기세요.

❻ 달군 냄비에 고추기름을 두른 후 손질해둔 파, 마늘, 양파를 넣고 볶으
세요.

❼ 향이 나면 다른 채소들을 넣고 볶다가 겉면이 노릇해지면 손질해둔
해산물과 청주를 넣고 볶아주세요.

❽ 해산물이 거의 익으면 물과 굴 소스를 넣고 끓이세요.

❾ 국물에서 맛이 나면 전분물을 넣어 한소끔 더 끓이고 누룽지와 곁들
여 내세요.

평소보다 신경 써서 손님맞이를 하고 싶을 때 귀리를 이용해 홈메이드
누룽지탕을 만들어보세요. 누룽지에 뜨거운 국물을 부어주면 파사삭 맛
있는 소리가 나지요.

# 베트남 스프링롤

👤 2인분
🕐 30분

| 라이스페이퍼 | 8장 | 키노아 | 2큰술 | **드레싱** | |
|---|---|---|---|---|---|
| 오이 | ½개 | 칵테일 새우 | 8마리 | 땅콩버터 | 2큰술 |
| 양파 | ½개 | 양배추 | 1장 | 식초 | 1큰술 |
| 당근 | ¼개 | 부추 | 4줄기 | 설탕 | 1작은술 |
| 병아리콩 | ¼컵 | 식용유 | 적당량 | 물 | 1큰술 |

### Quinoa + Chick Pea

베트남의 대표 요리인 스프링롤도 집에서 쉽게 만들 수 있어요.
튀긴 것과 튀기지 않은 것, 두 가지 종류로 만들어보세요.

❶ 병아리콩은 삶고 물기를 빼세요. 키노아는 마른 팬에 볶아주세요.

❷ 오이, 양파, 당근은 가늘게 채 써세요.

❸ 라이스페이퍼를 물에 5초 정도 불린 후 ②의 다진 채소를 올리고 볶은 키노아를 뿌린 다음 돌돌 말아주세요(생스프링롤 완성!).

❹ 칵테일 새우와 ①의 삶은 병아리콩, 양배추, 부추를 다져서 골고루 섞으세요.

❺ 물에 5초 정도 불린 라이스페이퍼에 ④를 넣고 돌돌 말아주세요.

❻ 뜨거운 기름에 튀기세요(튀긴 스프링롤 완성!).

❼ 드레싱 재료를 잘 섞은 후 완성된 스프링롤과 곁들여 내세요.

토마토 스튜와 함께

슈퍼푸드 볼

입맛 없는 날엔 상큼한 토마토 스튜에 슈퍼푸드볼을 찍어 드셔보세요.
사라진 입맛이 금방 돌아올 거예요.

👤 2인분
🕐 30분

| | | | |
|---|---|---|---|
| 렌틸콩 | ¼컵 | **토마토 스튜** | |
| 병아리콩 | ¼컵 | 양파 | ¼개 |
| 고구마 | 1개 | 토마토 | 1개 |
| 달걀 | 1개 | 주키니호박 | 5cm |
| 소금 | 약간 | 마늘 | 2개 |
| 후춧가루 | 약간 | 올리브유 | 2큰술 |
| 피자 치즈 | 2큰술 | 토마토 소스 | 1컵 |
| 밀가루 | 적당량 | 물 | 2컵 |
| 달걀 | 적당량 | 허브 가루 | 약간 |
| 빵가루 | 적당량 | 소금 | 약간 |
| 식용유 | 적당량 | | |

❶ 렌틸콩, 병아리콩은 삶은 후 물기를 빼고 굵게 으깨
세요. 고구마는 찜통에 찐 후 으깨세요.

❷ 달걀, 소금, 후춧가루를 넣고 골고루 섞으세요.

❸ ②를 동그랗게 만든 후 밀가루-달걀-빵가루를 순
서대로 입히세요.
이때 반죽 안에 피자 치즈를 조금 넣으세요.

❹ 뜨거운 식용유에 튀기세요.

❺ 양파와 토마토, 주키니호박은 깍둑썰기 하고 마늘
은 편 써세요.

❻ 달군 냄비에 올리브유를 두르고 마늘, 양파를 넣고
볶다가 적당히 향이 나면 주키니호박, 토마토를 넣
고 볶아주세요.

❼ 재료들이 반쯤 익으면 토마토 소스와 물, 허브 가
루를 넣고 소금으로 간하세요.

❽ 모든 재료들이 잘 익으면 슈퍼푸드볼과 함께 그릇
에 담아 내세요.

**Quinoa**

삶은 키노아의 부드러운 식감은 요리를 더 고급스럽게 만들어주는 효과
가 있어요. 자칫 밋밋해질 수 있는 요리에 삶은 키노아를 곁들여보세요.

👤 2인분
🕐 50분

| 키노아 | ¼컵 | **양념장** | |
| --- | --- | --- | --- |
| 소고기 편육용 | 400g(4줌) | 연겨자 | 1큰술 |
| 양파Ⓐ | ½개 | 식초 | 4큰술 |
| 파 | ½대 | 설탕 | 2큰술 |
| 마늘 | 3쪽 | 소금 | ⅛작은술 |
| 영양부추 | 40g(⅓줌) | | |
| 홍고추 | 1개 | | |
| 양파Ⓑ | ¼개 | | |

❶ 키노아는 삶은 후 물기를 빼세요.

❷ 냄비에 소고기, 양파Ⓐ, 파, 마늘을 넣고 물을 넉넉히 부은 후
푹 삶으세요.
보통 30∼40분 정도 삶으면 됩니다. 젓가락으로 찔렀을 때 핏물이 나오지
않으면 잘 삶아진 거예요. 압력솥에 15분 정도 삶아도 좋아요.

❸ 삶은 소고기를 식힌 후 얇게 편 써세요.

❹ 영양부추는 4cm 길이로 썰고, 양파Ⓑ와 홍고추는 가늘게 채
써세요.

❺ 양념장에 삶은 키노아를 골고루 섞고 ③, ④와 함께 내세요.

치아시드 찹쌀 탕수육

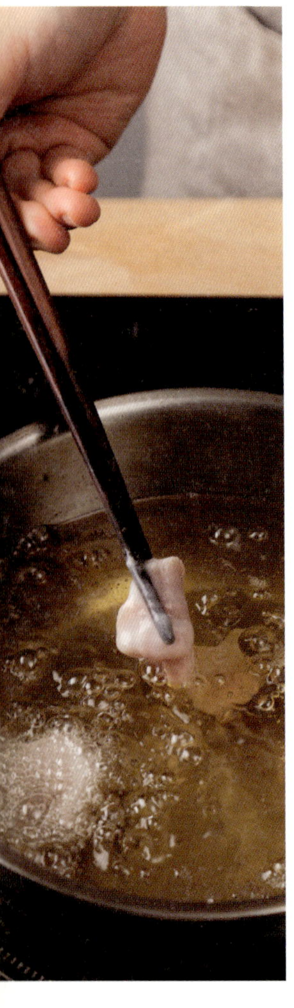

👤 2인분
🕐 40분

| 돼지고기 등심 | 300g(3줌) | **찹쌀풀** | | **소스** | |
|---|---|---|---|---|---|
| 소금 | 약간 | 찹쌀가루 | 2컵 | 치아시드 | 2큰술 |
| 후춧가루 | 약간 | 물 | 2컵 | 식초 | 2큰술 |
| 당근 | ¼개 | | | 유자청 | 2큰술 |
| 양파 | ¼개 | | | 설탕 | 1큰술 |
| 자몽 | ½개 | | | 간장 | 1큰술 |
| 전분 | 1큰술 | | | 물 | ¾컵 |
| 식용유 | 적당량 | | | 전분물 | 2큰술 |

(전분 2큰술+물 2큰술)

❶ 돼지고기 등심은 한 입 크기로 썬 후 소금, 후춧가루를 뿌려 밑간 하세요.
밑간을 해두어야 노린내가 나지 않고 더 맛있어요.

❷ 당근은 반으로 잘라 어슷하게 썰고, 양파는 채 써세요. 자몽은 껍질을 깐 후 반달 모양으로 써세요.
자몽은 쓴맛이 나지 않는 것으로 준비하세요. 오렌지, 레몬, 귤로 대체해도 괜찮아요.

❸ 냄비에 당근, 양파, 자몽, 소스 재료들을 넣고 끓이세요.

❹ 재료가 거의 익으면 마지막에 전분물을 넣어주세요.

❺ 다른 냄비에 찹쌀가루와 물을 넣고 약한 불에서 끈적해질 때까지 골고루 저어 찹쌀풀을 만드세요.

❻ 돼지고기에 전분을 묻힌 후 찹쌀풀을 입히고 두 번 튀기세요.
두 번 튀겨야 바삭하고 맛있어요.

❼ 튀긴 고기와 ④의 소스를 곁들여 내세요.

탕수육 소스에 치아시드를 넣어주면 거부감도 없고 비주얼도 더욱 먹음
직스러워 보인답니다.

Chapter 4.

# 슈퍼 곡물로 샐러드 만들기

# Salad!

아침, 점심, 저녁 언제 먹어도 좋은 샐러드. 요즘 뉴욕과 일본에서는 유리병에 샐러드를 담아 가지고 다니면서 먹는 일명 '유리병 샐러드'가 유행하고 있답니다. 우리도 한번 만들어볼까요?

유리병 샐러드는 만들기도 쉽고 가지고 다니면서 먹기도 편해요.
재료를 순서대로 켜켜이 쌓은 후 먹기 직전에 흔들어
드레싱을 고루 섞어주면 된답니다.

 **Quinoa**　참치 키노아 샐러드

👤 2인분
🕐 30분

| 참치캔 | 1개 | **드레싱** | | | |
|---|---|---|---|---|---|
| 키노아 | ½컵 | 다진 마늘 | 1작은술 | 소금 | 약간 |
| 양파 | ¼개 | 플레인 요거트 | ½컵 | 후춧가루 | 약간 |
| 오이 | 1개 | 식초 | 4큰술 | | |

❶　참치는 체에 밭쳐 기름을 빼세요.

❷　키노아는 삶고 물기를 빼세요.

❸　양파는 1×1cm 크기로 썰고 오이는 송송 썰어요.

❹　드레싱-오이-참치-키노아 순으로 담고 먹기 직전에 흔들어 드세요.

- - - - - - - - - - - - - - - - - - - - - - - - - - - - - - - - - - - - - - - - - - - - - -

 **Wild Rice**　닭가슴살 와일드라이스 샐러드

👤 2인분
🕐 30분

| 와일드라이스 | ¼컵 | **드레싱** | | | |
|---|---|---|---|---|---|
| 올리브유 | 약간 | 올리브유 | 2큰술 | 간장 | 1큰술 |
| 닭가슴살 | 1개 | 참기름 | 2큰술 | 소금 | 약간 |
| 루콜라 | 4뿌리 | 사과식초 | 4큰술 | 후춧가루 | 약간 |
| 양파 | ¼개 | 설탕 | 1큰술 | | |
| 방울토마토 | 5개 | | | | |

❶　와일드라이스는 삶은 후 체에 밭쳐 물기를 빼세요.

❷　프라이팬에 올리브유를 두르고 소금, 후춧가루로 밑간한 닭가슴살을 잘 구운 후 어슷하게 써세요.

❸　루콜라는 깨끗이 씻어 손질하고, 양파는 채 썰고, 방울토마토는 반으로 써세요.

❹　드레싱-루콜라-양파-토마토-와일드라이스 순으로 담고 먹기 직전에 흔들어 드세요.

루콜라를 아삭하게 즐기고 싶으면 제일 위쪽에 담으세요.

상큼한 맛
그리스식 아마시드 샐러드

에너지 가득
와일드라이스 해산물 샐러드

유리병 샐러드를 만들 때는 드레싱-비교적 단단한 재료-가장 연한 재료 순으로 담아주세요.
아삭한 채소나 물이 빠지면 식감이 나빠지는 재료들은 위쪽에 담으세요.
양념이 배면 더 맛있어지는 재료들은 드레싱과 섞어 담거나 먹기 30분 전에 미리 흔들어 두세요.

##  Flax Seed  그리스식 아마시드 샐러드

👤 **2인분**
🕐 **30분**

| 볶은 아마시드 | 2큰술 | 드레싱 | |
|---|---|---|---|
| 올리브 종류별로 | 5알씩 | 올리브유 | 2큰술 |
| 오이 | 1개 | 발사믹식초 | 4큰술 |
| 양상추잎 | 4장 | 설탕 | 1큰술 |
| 적양파 | ⅛개 | 소금 | 약간 |
| 페타 치즈 | 4큰술 | 후춧가루 | 약간 |

❶ 올리브는 편 썰고, 오이는 4등분 하여 1cm 폭으로 써세요.

❷ 양상추와 적양파는 채 썰어주세요.

❸ 드레싱 – 오이 – 양상추 – 적양파 – 페타 치즈-올리브-아마시드 순으
로 담고 먹기 직전에 흔들어 드세요.
양상추를 제일 위에 올리면 아삭한 맛을 즐길 수 있어요.

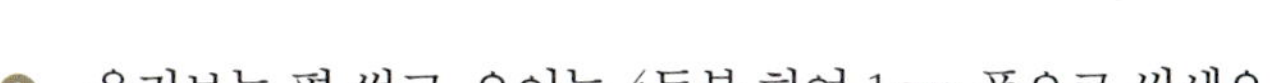

## Wild Rice  와일드라이스 해산물 샐러드

👤 **2인분**
🕐 **30분**

| 모시조개 | 1봉 | 드레싱 | | | |
|---|---|---|---|---|---|
| 홍합 | 20알 | 레몬 제스트 | 1개분 | 설탕 | 1큰술 |
| 칵테일새우 | 12마리 | 레몬즙 | 8큰술 | 소금 | 약간 |
| 와일드라이스 | ½컵 | 올리브유 | 4큰술 | 후춧가루 | 약간 |
| 셀러리 | 1대 | 다진 마늘 | ¼작은술 | | |

❶ 모시조개와 홍합은 삶아 껍질을 벗기고 칵테일새우는 끓는 물에 데친
후 물기를 빼세요.

❷ 와일드라이스는 삶아 물기를 빼고 셀러리는 어슷하게 써세요.

❸ 드레싱-와일드라이스-셀러리-해산물 순으로 담고 먹기 직전에 흔들
어 드세요.

유리병 샐러드는 재료들을 섞기 편리하기 때문
에 집에서 샐러드 만들 때도 유용해요. 잘 흔들
어준 후 그대로 접시에 담아주면 끝. 비주얼도
그럴싸하답니다.

촉촉한 맛
쿠스쿠스식 키노아 샐러드
아삭한 맛
아마란스 큐브 샐러드

## Quinoa 쿠스쿠스식 키노아 샐러드

👤 2인분
🕐 30분

| 키노아 | ¼컵 | 드레싱 | |
|---|---|---|---|
| 가지 | ¼개 | 올리브유 | 4큰술 |
| 주키니호박 | ¼개 | 발사믹식초 | 2큰술 |
| 방울토마토 | 5개 | 설탕 | 1큰술 |
| 삶은 달걀 | 1개 | 소금 | 약간 |
| 올리브 | 5알 | 후춧가루 | 약간 |
| 올리브유 | 2큰술 | 다진 바질잎 | 2장 분량 |

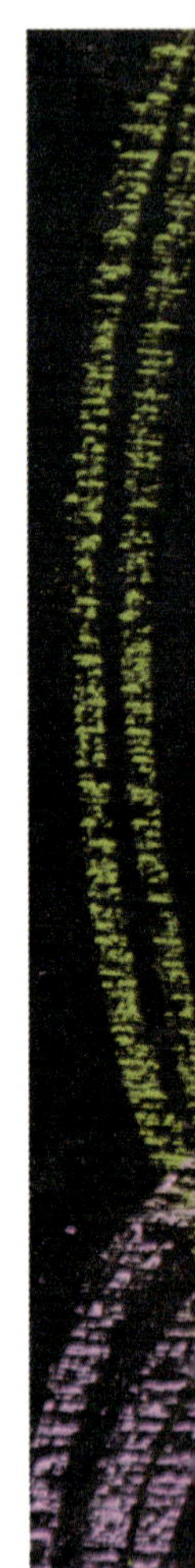

❶ 키노아는 삶아서 물기를 빼세요.
쿠스쿠스와 식감이 비슷한 키노아를 사용한 샐러드예요.

❷ 가지, 주키니호박은 반으로 잘라 어슷하게 썰고, 방울토마토
는 반으로 자르세요.

❸ 달걀은 깍둑 썰고 올리브는 편 써세요.

❹ 달군 프라이팬에 올리브유를 두른 후 가지와 주키니호박을
넣고 볶은 다음 소금, 후춧가루로 간을 하세요.

❺ 드레싱-방울토마토-주키니호박-키노아-가지-달걀-올리브
순으로 담고 먹기 직전에 흔들어 드세요.

## :•: Amaranth　아마란스 큐브 샐러드

👤 **2인분**
🕐 **30분**

| 가지 | ¼개 | **드레싱** | |
|---|---|---|---|
| 양파 | ¼개 | 마요네즈 | 2큰술 |
| 호박 | ¼개 | 씨머스터드 | 2큰술 |
| 양송이버섯 | 4개 | 디종머스터드 | 2큰술 |
| 색깔별 파프리카 | ½개씩 | 다진 마늘 | 1작은술 |
| 올리브유 | 2큰술 | 소금 | 약간 |
| 볶은 아마란스 | 1큰술 | 후춧가루 | 약간 |
| | | 식초 | 4큰술 |

❶ 가지, 양파, 호박, 양송이버섯, 파프리카는 모두 2×2cm 크기로 깍둑 써세요.
채소들을 큐브 모양으로 써는 것이 이 샐러드의 포인트!

❷ 달군 프라이팬에 올리브유를 두른 후 ①의 채소들을 볶아주세요.

❸ 드레싱-볶은 채소들-아마란스 순으로 담고 먹기 직전에 흔들어 드세요.

채소와 과일은 각각 특유의 컬러가 있기 때문에 켜켜이 담으면 그 자체로도 멋스러운 비주얼이 완성된답니다. 컬러 조합을 생각하며 나만의 느낌대로 담아보세요.

 렌틸 병아리콩 샐러드

👤 2인분
🕐 30분

| 렌틸콩 | ¼컵 | **드레싱** | |
|---|---|---|---|
| 병아리콩 | ¼컵 | 발사믹식초 | 4큰술 |
| 양파 | ¼개 | 설탕 | 1큰술 |
| 셀러리 | ½대 | 소금 | 약간 |
| 토마토 | 1개 | 후춧가루 | 약간 |
| 올리브 두 가지색 | 5알씩 | 다진 양파 | 1큰술 |

❶ 렌틸콩과 병아리콩은 삶은 후 물기를 빼세요.

❷ 양파와 셀러리는 1×1cm 크기로, 토마토는 2×2cm 크기로 썰고, 올리브는 편 써세요.

❸ 드레싱-토마토-병아리콩-양파-셀러리-올리브-렌틸콩 순으로 담고 먹기 직전에 흔들어 드세요.

- - - - - - - - - - - - - - - - - - - - - - - - - - - - - - - - - - - - - - - - - -

 단호박 고구마 곡물 샐러드

👤 2인분
🕐 30분

| 고구마 | 1개 | **드레싱** | | | |
|---|---|---|---|---|---|
| 단호박 | ¼개 | 크림 치즈 | 2큰술 | 설탕 | 1큰술 |
| 병아리콩 | ¼컵 | 플레인 요거트 | 2큰술 | 소금 | 약간 |
| 아마시드 | 1큰술 | 레몬즙 | 4큰술 | 후춧가루 | 약간 |

❶ 고구마와 단호박은 2×2cm 크기로 썰어 찜기에 찌세요.

❷ 병아리콩은 삶아 물기를 빼세요.

❸ 아마시드는 프라이팬에 기름 없이 볶으세요.

❹ 드레싱-고구마-단호박-병아리콩-아마시드 순으로 담고 먹기 직전에 흔들어 드세요.

누군가가 먹어서 유명해지는 음식들이 있지요.
이효리 스타일의 렌틸콩 샐러드, 시저의 시저 샐러드를 유리병 샐러드로 만들어 봤습니다.

 효리 스타일 렌틸콩 샐러드

👤 2인분
🕐 30분

| 토마토 | 1개 | **드레싱** | |
|---|---|---|---|
| 렌틸콩 | ½컵 | 올리브유 | 2큰술 |
| | | 발사믹식초 | 2큰술 |
| | | 소금 | 약간 |

❶ 렌틸콩은 삶은 후 물기를 빼세요.

❷ 토마토는 반달 모양으로 써세요.

❸ 달군 프라이팬에 올리브유를 두른 후 렌틸콩을 가볍게 볶아준 다음 불을 끄고, 토마토를 넣어 섞어주세요.

❹ 드레싱-렌틸콩-토마토 순으로 담고 먹기 직전에 흔들어 드세요.

- - - - - - - - - - - - - - - - - - - - - - - - - - - - - - - - - - - - - - - - - - - - - - - - -

 키노아 시저 샐러드

👤 2인분
🕐 30분

| 로메인상추 | 1개 | **드레싱** | | | |
|---|---|---|---|---|---|
| 삶은 달걀 | 1개 | 마요네즈 | 4큰술 | 다진 양파 | 1큰술 |
| 베이컨 | 2줄 | 호스래디시 소스 | 1큰술 | 파르메산 가루 | 2큰술 |
| 키노아 | ½컵 | 다진 앤초비 | 1개분 | 소금 | 약간 |
| | | 레몬즙 | 2큰술 | 후춧가루 | 약간 |
| | | 설탕 | 1큰술 | | |

❶ 키노아는 삶은 후 물기를 빼세요.

❷ 로메인상추는 반으로 자르고, 삶은 반달은 웨지 모양으로 자르세요.

❸ 베이컨은 전자레인지에 1~2분 돌려 바삭한 칩으로 만들고 먹기 좋게 자르세요.

❹ 드레싱-로메인상추-달걀-키노아-베이컨 순으로 담고 먹기 직전에 흔들어 드세요.

내일 도시락으로 유리병 샐러드를 준비해보세요.
곡물을 적절히 넣어주면 샐러드만 먹어도 든든하답니다.

고소한 맛
와일드라이스 코울슬로

향긋한 풍미
커리 렌틸 샐러드

 커리 렌틸 샐러드

👤 2인분
🕐 30분

| 렌틸콩 | ¼컵 | **드레싱** | | | |
|---|---|---|---|---|---|
| 브로콜리 | ⅙송이 | 커리 가루 | 2큰술 | 다진 마늘 | 1작은술 |
| 컬리플라워 | ⅙송이 | 뜨거운 물 | 2큰술 | 식초 | 2큰술 |
| 양파 | ¼개 | 플레인 요거트 | ½컵 | 소금 | 약간 |
| 단호박 | ⅛개 | 설탕 | 1작은술 | 후춧가루 | 약간 |

❶ 렌틸콩은 삶은 후 물기를 빼세요.

❷ 브로콜리, 컬리플라워는 한입 크기로 잘라 끓는 물에 30초 데치세요.

❸ 양파는 1×1cm 크기로 썰고, 단호박은 2×2cm 크기로 썰어 찜기에 찌세요.

❹ 커리 가루에 뜨거운 물을 넣고 잘 개어준 후 나머지 드레싱 재료와 함께 골고루 버무리세요.

❺ 드레싱-브로콜리와 컬리플라워-단호박-렌틸콩 순으로 담고 먹기 직전에 흔들어 드세요.

 와일드라이스 코울슬로

👤 2인분
🕐 30분

| 와일드라이스 | ¼컵 | **드레싱** | | | |
|---|---|---|---|---|---|
| 양배추 | 4장 | 연두부 | 100g | 소금 | 약간 |
| 당근 | ¼개 | 땅콩버터 | 1큰술 | 후춧가루 | 약간 |
| 양파 | ¼개 | 식초 | 2큰술 | | |
| 볶은 아마시드 | 1큰술 | | | | |

❶ 와일드라이스는 삶은 후 물기를 빼세요.

❷ 양배추, 당근, 양파는 가늘게 채 써세요.

❸ 드레싱 재료들을 믹서에 넣고 곱게 갈아주세요.

❹ 드레싱-양배추와 양파-와일드라이스-당근-아마시드 순으로 담고 먹기 30분 전에 흔들어 두세요.

코울슬로는 드레싱이 재료에 배면 더욱 맛있어져요. 미리 다 섞어서 병에 담아도 괜찮아요.

# *Dessert!*

이번에는 후식이나 간식, 티타임용 디저트,
입이 심심할 때 주전부리로 좋은 음식들을 만들어볼게요.

# Chapter 5

# 슈퍼 곡물로 간식 만들기

# 병아리콩 마들렌

👤 **12개 분량**

🕐 **30분**

| | | | |
|---|---|---|---|
| 병아리콩 | 2큰술 | 달걀(실온) | 2개 |
| 밀가루(박력분) | 110g | 설탕 | 100g |
| 베이킹파우더 | 4g | 버터 | 110g |
| 소금 | ¼작은술 | 밀가루(덧가루) | 적당량 |

### Chick Pea

조개 같은 모양이 귀여운 마들렌은 티푸드로 정말 잘 어울리지요. 병아리콩이 더해지면 마들렌이 더욱 사랑스러워집니다.

① 병아리콩은 삶은 후 믹서에 곱게 갈아주세요.
평소 미리 삶아 냉동해두면 편리하겠지요.

② 밀가루(박력분)와 베이킹파우더, 소금을 섞어 체에 치세요. 이 과정을 3회 반복하세요.

③ 다른 볼에 실온에 둔 달걀을 풀어준 후 설탕을 넣고 잘 섞어주세요.

④ 갈아놓은 병아리콩과 ②, ③을 세 번에 나눠 잘 섞어주세요.

⑤ 버터를 중탕으로 녹이고 ④에 넣어 섞어준 후 랩을 씌우고 냉장고에 30분간 두세요.
휴지시키는 과정입니다. 맛과 식감이 더욱 좋아져요.

⑥ 마들렌팬에 밀가루(덧가루)를 바른 후 팬의 80%까지만 반죽을 넣으세요.

⑦ 180℃로 예열한 오븐에서 10~12분간 구워주세요.

# 아마시드 머핀

👤 9개 분량
🕐 30분

| | | | |
|---|---|---|---|
| 아마시드 | 3큰술 | 달걀 | 1개 |
| 바나나 | 2개 | 생크림 | 125g |
| 설탕Ⓐ | 2큰술 | 올리고당 | 30g |
| 시나몬파우더 | 약간 | 설탕Ⓑ | 30g |
| 밀가루(박력분) | 150g | 소금 | ⅛작은술 |
| 베이킹파우더 | 1작은술 | | |

### 🌾 Flax Seed

깨처럼 씹히는 아마시드는 다양한 토핑으로 활용할 수 있는데 특히 베이킹을 할 때 유용해요. 머핀 위에 솔솔 뿌려보세요.

❶ 아마시드는 프라이팬에 기름 없이 볶아주세요.

❷ 바나나를 잘게 썬 후 설탕Ⓐ를 넣고 약한 불에서 잘 뒤적이며 조리다가 바나나가 익으면 시나몬파우더를 뿌리고 불을 끄세요.

❸ 밀가루(박력분)와 베이킹파우더를 섞어 체에 내리세요.

❹ 믹싱볼에 달걀을 풀고 생크림, 올리고당, 설탕Ⓑ, 소금을 넣고 잘 젓다가 설탕이 다 녹으면 조린 바나나를 섞으세요.

❺ ③과 ④를 섞으세요. 밀가루가 뭉치지 않게 고루 잘 저어주세요.

❻ 머핀틀에 머핀컵을 놓고 반죽을 70% 채운 후 볶아둔 아마시드를 뿌리세요.

❼ 180℃로 예열한 오븐에 넣고 25분간 구우세요.

이쑤시개를 꽂았을 때 반죽이 묻어나오지 않으면 잘 익은 거예요.

2

3

4

6

Power up! Energy Bar!

# 에너지 바



👤 **5개 분량**

🕐 **40분**

| | | | |
|---|---|---|---|
| 귀리 | ½컵 | 올리고당 | 4큰술 |
| 병아리콩 | ½컵 | 설탕 | 4큰술 |
| 견과류 | ½컵 | | |

 Oat + Chick Pea

에너지 바를 만들어두면 심심할 때 주전부리하기에 좋고 바쁠 때 가지고 다니면서 식사 대용으로 먹기 좋아요.

➊ 귀리와 병아리콩은 삶은 후 물기를 완전히 빼세요.

➋ 견과류와 ①을 프라이팬에서 기름 없이 바삭하게 볶아주세요.

➌ 팬에 올리고당과 설탕을 넣고 바글바글 끓여주세요.

➍ ③에 ①, ②를 넣고 골고루 버무리다가 끈끈한 실이 생기기 시작하면 불에서 내리세요.

　낫토의 섬유질처럼 길게 늘어지는 실이 생겨요

➎ ④를 네모난 통에 담고 냉동실에 30분 정도 넣어두세요.

➏ 단단하게 잘 굳었으면 칼로 적당히 자르세요.

# 아마란스 쿠키

👤 **10개 분량**
🕐 **30분**

| | | | |
|---|---|---|---|
| 아마란스 | 42g | 밀가루(강력분) | 150g |
| 버터 | 100g | 소금 | 2g |
| 황설탕 | 100g | 베이킹파우더 | 4g |
| 달걀 | 1개 | 초코칩 | 50g |

### ⁘ Amaranth

달콤한 초코칩과 깨알같이 씹히는 아마란스가 매력적인 쿠키입니다. 황설탕을 넣으면 좀 더 촉촉한 식감이 생긴답니다.

❶ 아마란스는 마른 프라이팬에 볶아주세요.

❷ 믹싱볼에 버터와 황설탕을 조금씩 넣으면서 핸드믹서로 섞어주세요.
크림처럼 되어서 한 덩어리가 될 때까지 섞어주세요. 황설탕 대신 다른 설탕을 넣어도 괜찮아요.

❸ ②에 달걀을 조금씩 나누어 부으면서 섞어주세요.
재료들이 분리되지 않도록 빠르게 휘핑하세요.

❹ 밀가루(강력분), 소금, 베이킹파우더는 한 번 체에 친 후 ③에 넣고 아마란스를 2/3 분량만 넣으세요.

❺ 초코칩을 ④에 넣고 저어주세요.

❻ 반죽이 완성되면 비닐에 넣은 후 냉장고에서 30분 두세요.

❼ ⑥의 반죽을 조금씩 떼어 쿠키 모양으로 둥글고 납작하게 만드세요.

❽ 오븐팬에 유산지를 깔고 ⑦을 올린 다음 그 위에 남은 아마란스를 뿌리고 160℃로 예열한 오븐에서 12~15분 구우세요.

# 병아리콩 비스코티

👤 **12개 분량**
🕐 **30분**

| | | | | |
|---|---|---|---|---|
| 병아리콩 | 55g | 인스턴트커피액 | 2작은술 | |
| 버터 | 50g | (물 2작은술+커피가루 1작은술) | | |
| 설탕 | 40g | 베이킹파우더 | ½작은술 | |
| 달걀 | 1개 | 소금 | 약간 | |
| 밀가루(박력분) | 180g | | | |

🌱 Chick Pea

이탈리아 과자인 비스코티는 '두 번 굽는다'는 뜻이에요. 실제로 두 번 굽기 때문에 수분이 적고 바삭바삭하답니다.

❶ 병아리콩은 삶아서 물기를 빼세요.

❷ 믹싱볼에 버터와 설탕을 넣고 핸드믹서로 돌리다가 크림 같은 질감이 되면 달걀을 넣고 잘 섞어주세요.

❸ ②에 인스턴트커피액을 넣고 섞어주세요.

❹ 밀가루(박력분), 베이킹파우더, 소금을 체에 한 번 친 후 삶은 병아리콩을 넣고 잘 섞으세요.

❺ ③과 ④를 섞어 반죽을 만든 후 180℃로 예열한 오븐에서 20분간 구워주세요.

❻ 오븐에서 꺼내 식힌 후 1.5cm 두께로 자르세요.

❼ 180℃로 예열한 오븐에서 15~20분간 더 구워주세요.

바삭바삭 자꾸만 손이 가요

# 콩콩 튀밥

**Chick Pea + Lentil**

병아리콩과 렌틸콩을 튀밥 스타일로 만들어보았어요. 단, 튀기는 대신 볶아 칼로리는 줄였지요. 다이어트 간식으로 딱이랍니다.

👤 5회 분량
🕐 30분

| | |
|---|---|
| 병아리콩 | ½컵 |
| 렌틸콩 | ½컵 |

① 병아리콩과 렌틸콩은 하룻밤 물에 불린 후 물기를 빼세요.

② 약한 불에서 병아리콩을 노릇하게 볶아주세요.

③ 약한 불에서 렌틸콩도 노릇하게 볶아주세요.
익는 속도가 다르기 때문에 따로따로 볶아야 해요.

④ 볶은 병아리콩과 렌틸콩을 섞어 드세요.

# 슈퍼 곡물 파이

**👤 지름 7cm 분량 1개(4인분)**
**🕐 30분**

| 버터 | 150g | **토핑** | | | |
|---|---|---|---|---|---|
| 밀가루(박력분) | 120g | 아마란스 | 4큰술 | 소금 | 2g |
| 난황(달걀노른자) | 1개 | 아마시드 | 4큰술 | 흑설탕 | 50g |
| 설탕 | 1작은술 | 피칸 | 2큰술 | 코코넛슬라이스 | 2큰술 |
| 소금 | 약간 | 호두 | 2큰술 | 물 | 2작은술 |
| 물 | 2큰술 | 물엿 | ½컵 | 달걀 | 2개 |

① 아마란스와 아마시드는 볶아주세요.

② 버터는 1×1cm 크기로 깍둑썰기 한 후 밀가루(박력분)와 비벼 고슬고슬하게 만드세요.

③ 난황, 설탕, 소금, 물을 넣고 한 덩어리가 되도록 잘 섞은 후 30분간 냉장고에 두세요.

④ 피칸과 호두는 마른 팬에 살짝 볶은 후 먹기 좋도록 굵게 다지세요.
피칸은 길쭉한 모양의 견과류인데 호두보다 조금 더 단맛이 난답니다.

⑤ ④와 다른 토핑 재료들을 모두 볼에 넣고 잘 섞어주세요.

⑥ 파이틀에 ③의 반죽을 0.3cm 두께로 고르게 깔아주세요.

⑦ 파이틀에 ⑤를 90% 채운 후 180℃로 예열한 오븐에서 40분간 구우세요.

피칸과 호두, 아마란스와 아마시드를 섞으면
한층 더 고소해진 맛을 즐길 수 있어요.

# 키노아 아마시드 떡

👤 **10개 분량**
🕐 **30분**

| | | | |
|---|---|---|---|
| 키노아 | ½컵 | 소금 | 약간 |
| 아마시드 | ½컵 | 설탕 | 1큰술 |
| 아마란스 | ½컵 | 견과류 | 4큰술 |
| 물 | 1½컵 | 꿀 | 적당량 |

Quinoa + Flax Seed + Amaranth

슈퍼 곡물을 이용해 떡을 만들어보세요. 집에서도 쉽게 만들 수 있답니다. 꿀에 찍어먹는 그 맛, 음!

❶ 냄비에 키노아, 아마시드, 아마란스, 물, 소금을 넣고 함께 끓이세요.

❷ 다 익으면 불을 끈 후 20분 정도 뒀다가 손이나 수저로 치댄 후 설탕을 넣고 섞으세요.
알갱이들이 물에 불도록 시간을 준 후 치대어서 끈적이게 만드는 거예요.

❸ 견과류는 굵게 다지세요.

❹ ②와 ③을 섞으세요.

❺ 네모난 틀이나 용기에 넣어 냉동실에서 하룻밤 굳히세요.

❻ 도톰하게 썬 후 프라이팬에 구워 꿀과 곁들여 드세요.

# 치아시드 스콘

👤 **6~8개 분량**
🕐 **30분**

| 밀가루(중력분) | 500g | 치아시드 | 2큰술 |
|---|---|---|---|
| 베이킹파우더 | 8g | 버터 | 150g |
| 설탕 | 15g | 달걀 | 2개 |
| 소금 | 약간 | 우유 | 100g |

### ∴ Chia Seed

애프터눈티에 빠질 수 없는 스콘. 무화과, 크랜베리 등 다양한 재료를 넣어 만드는데요, 치아시드를 넣어도 잘 어울린답니다.

① 밀가루(중력분), 베이킹파우더, 설탕, 소금을 체에 한 번 치세요.

② 치아시드를 섞어주세요.

③ 버터는 1×1cm 크기로 깍둑썰기 한 후 ②에 넣고 손으로 골고루 비벼주세요.

④ 달걀과 우유를 골고루 섞고 ③에 조금씩 부으면서 고무주걱으로 가볍게 섞어주세요.

⑤ ④의 반죽을 한 덩어리로 뭉친 후 두께 3cm로 동그랗게 만들어주세요.

⑥ ⑤를 6~8등분 하세요.

⑦ 윗면에만 우유 혹은 달걀물을 발라주세요.

⑧ 180℃로 예열한 오븐에서 25분 정도 구운 후 잼이나 버터와 곁들여 드세요.

# 오트밀 호떡

👤 6~8개 분량
🕐 30분

| | | 호떡 속 | |
|---|---|---|---|
| 오트밀 | 100g | 견과류 | 6큰술 |
| 밀가루(강력분) | 200g | 황설탕 | 6큰술 |
| 찹쌀가루 | 100g | 시나몬파우더 | 약간 |
| 소금 | ½작은술 | | |
| 드라이이스트 | 2g | | |
| 미지근한 물 | 1½컵 | | |
| 식용유 | 약간 | | |

### Oat

건강을 위해 통밀가루를 먹으라고 많이 얘기하지만 거친 식감이 영 어색한 분들 많으시죠. 그럴 땐 오트밀을 갈아 섞어보세요. 거부감도 훨씬 적고 영양도 풍부해져요.

❶ 오트밀을 믹서에 곱게 갈아준 후 밀가루(강력분), 찹쌀가루, 소금과 골고루 섞으세요.

❷ 드라이이스트와 미지근한 물을 골고루 섞은 후 ①에 넣고 다시 잘 섞은 다음 랩을 씌우고 그대로 두세요.
반죽을 발효시키는 과정입니다.

❸ 견과류는 곱게 다진 후 황설탕, 시나몬파우더와 섞어주세요.

❹ ②가 처음의 2배 정도로 부풀어 오르면 손으로 치대 공기를 빼세요.

❺ 손에 기름을 바르고 ④의 반죽을 조금씩 떼어 ③의 호떡 속을 넣으세요.

❻ 팬에 기름을 두르고 호떡을 부치세요.
국자나 납작한 그릇으로 눌러 편편하게 호떡 모양을 만드세요.

# 심플 파운드케이크

👤 4인분
🕐 30분

| | | | |
|---|---|---|---|
| 와일드라이스 | ¼컵 | 설탕 | 60g |
| 밀가루(박력분) | 100g | 달걀 | 2개 |
| 소금 | ⅛작은술 | 견과류 | ¼컵 |
| 버터 | 100g | | |

### Wild Rice

블랙 컬러의 와일드라이스는 그 자체로도 멋이 있는 장식이 됩니다. 심플한 멋과 맛이 매력인 파운드케이크를 구워보세요.

❶ 와일드라이스는 삶은 후 물기를 빼세요.

❷ 밀가루(박력분)와 소금을 섞어 세 번 반복해서 체에 치세요.

❸ 버터는 실온에서 잠시 둔 후 말랑말랑해지면 거품기로 골고루 풀어주세요.

❹ ③에 설탕을 넣고 골고루 섞이도록 10분 정도 거품기로 저어주세요.

❺ ④에 달걀을 넣고 거품기로 골고루 저어주세요.

❻ 버터와 설탕, 달걀이 모두 골고루 섞이면 와일드라이스, 견과류, ②를 넣고 고무주걱으로 골고루 섞으세요.

❼ 파운드케이크틀에 유산지를 깐 후 ⑥의 반죽을 넣고 고무주걱으로 위쪽이 오목하도록(U자 모양이 되도록) 눌러주세요.

❽ 175℃로 예열한 오븐에서 30분간 구운 후 꺼내 식혀서 드세요.

상쾌함이 톡 터지는 기분!

# 치 아 시 드   모 히 토

**Chia Seed**

치아시드를 물에만 불려 먹거나 요거트에 섞어 먹는 방법만으론 금세 질
려요. 가끔은 청량감 있는 스타일로 즐겨 보세요.

**2인분**
**30분**

| | |
|---|---|
| 치아시드 | 1큰술 |
| 물 | 5큰술 |
| 민트잎 | 20줄기 |
| 설탕 | 1큰술 |
| 라임 | 2개 |
| 탄산수 | 2컵 |
| 얼음 | 2컵 |

❶ 치아시드에 물을 넣고 15분 이상 불리세요.

❷ 민트잎, 설탕을 믹서에 넣고 갈아주세요.

❸ 라임은 즙을 짜세요.

❹ ①과 ②, ③, 탄산수, 얼음을 골고루 섞어주세요.
취향에 따라 술(럼, 보드카, 소주 등)을 조금 넣어줘도 좋아요.

# Storage!

잼, 차, 절임, 파우더, 냉동 요리 등 비교적 오래 보관할 수 있는 메뉴들을 모았습니다.
한 번에 넉넉히 만들어두면 그때그때 간편하게 활용할 수 있어요.

# Chapter 6

# 슈퍼 곡물로 저장 요리 만들기

Oat

오트밀을 이용하면 손쉽게 밀크잼을 만들 수 있어요. 빵이나 쿠키에 발라
홍차와 함께 먹으면 무척 잘 어울려요.

👤 10회분
🕐 30분

| | |
|---|---|
| 오트밀 | ¼컵 |
| 유유 | 2컵 |
| 설탕 | ½컵 |

❶ 오트밀은 믹서에 굵게 갈아주세요.
알갱이가 부드럽게 씹혀야 식감이 좋아요.

❷ 갈아놓은 오트밀과 우유, 설탕을 냄비에 넣으세요.
유기농(비정제) 설탕을 이용하면 은은한 단맛을 즐길 수 있어요.

❸ 약한 불에서 살살 저어가면서 적당한 점도가 될 때까지 끓여
주세요.
식으면 좀 더 끈끈해져요.
냉장고에서 2주 정도 보관 가능합니다.

## Chia Seed

과일을 곱게 간 후 치아시드를 넣어두면 치아시드가 불어나면서 저절로 점도가 생긴답니다. 빵에 바르거나 요거트와 섞어 먹어도 좋고 스무디처럼 그냥 먹어도 맛있어요.

👤 **10회분**
🕐 **30분**

| | |
|---|---|
| 사과 | 1개 |
| 귤 | 4개 |
| 꿀 | 1큰술 |
| 치아시드 | 6큰술 |

❶ 사과와 귤은 씨와 껍질을 제거하세요.
사과 씨에는 독성이 있으니 반드시 제거하세요.

❷ 과일들을 꿀과 함께 믹서에 넣고 곱게 갈아주세요.

❸ ②에 치아시드를 넣은 후 냉장고에 넣고 다음 날부터 드세요.
치아시드가 불어서 끓이지 않아도 점도가 생겨요.
냉장고에서 3~4일 보관 가능합니다.

# 갈릭 아마란스 잼



너무 단맛을 좋아하지 않는 분들에게 권하는 잼이에요. 맵지 않고 은은한
마늘 맛과 알알이 씹히는 아마란스 식감이 매력 포인트죠.

👤 **10회분**
🕐 **30분**

| | |
|---|---|
| 마늘 | 40알 |
| 아마란스 | 2큰술 |
| 물 | ½컵 |
| 소금 | ¼작은술 |
| 설탕 | 6큰술 |
| 레몬즙 | 2큰술 |

❶ 마늘은 껍질을 깐 후 아마란스, 물, 소금, 설탕을 넣고 삶아주
세요.
물이 거의 없어질 때까지 충분히 익혀주세요

❷ ①에 레몬즙을 넣고 믹서에 곱게 갈아주세요.
냉장고에서 2주 정도 보관 가능합니다.

구수하고 기품 있는 맛
볶은 귀리차

 Oat

귀리로 차를 만들면 구수하고 기품 있는 맛이 난답니다. 티포트에 우려 마셔도 좋고 주전자에 넉넉히 끓여 보리차처럼 마셔도 좋아요.

👤 **10회분**
🕐 **30분**

| | |
|---|---|
| 귀리 | 1컵 |
| 물 | 적당량 |

① 귀리를 물에 1시간 이상 불리세요.

② 물기를 뺀 후 프라이팬에 기름 없이 달달 볶고 한 김 식혀 통에 담아 보관하세요.
물기가 없어지고 바삭바삭한 질감이 날 때까지 볶으세요.

③ 티포트에 볶은 귀리 2~3큰술을 넣고 뜨거운 물을 부어 우려 드세요.
보리차처럼 마실 때는 볶은 귀리 4큰술과 물 4컵을 냄비에 넣고 끓여 드세요.

# 귤 렌틸차

👤 **10회분**
🕐 **30분**

| | |
|---|---|
| 귤 껍질 | 10개분 |
| 렌틸콩 | ½컵 |

**Lentil**

한겨울에 만들어두면 아주 유용한 차랍니다.
여성스럽고 우아한 티타임에도 잘 어울려요.

① 귤 껍질 바깥 부분은 베이킹소다로 문질러
　 깨끗이 씻으세요.

② 귤 껍질 안쪽의 흰 부분을 제거한 후 채 써
　 세요.

③ 잘게 썬 귤 껍질을 채반에 넓게 펴서 말리세요.
　 1~2일 정도면 물기 없이 바싹 말라요. 식품건조기를
　 활용해도 좋아요.

④ 말린 귤 껍질을 마른 프라이팬에 살짝 볶으
　 세요(차를 덖듯이).

⑤ 렌틸콩은 1시간 이상 불리세요.

⑥ 불린 렌틸콩의 물기를 빼고 프라이팬에서
　 기름 없이 볶으세요.
　 물기가 없어지고 바삭바삭한 질감이 날 때까지 볶으
　 세요

⑦ 한 김 식힌 후 귤 껍질과 함께 잘 섞고 통에
　 담아 보관하세요.

⑧ 티포트에 ⑦을 2~3큰술을 넣고 뜨거운 물을
　 부어 우려 드세요.

## Chick Pea + Quinoa + Lentil

병아리콩, 키노아, 렌틸콩은 피클 같은 절임 요리로 만들어도 맛있어요.
샐러드 소스로 활용해도 좋고 피클처럼 반찬으로 먹어도 좋아요.

👤 2인분
🕐 30분

| 병아리콩 | ¼컵 | **식촛물** | |
| --- | --- | --- | --- |
| 키노아 | ¼컵 | 피클용 스파이스 | 1작은술 |
| 렌틸콩 | ¼컵 | 물 | ¼컵 |
| 청양고추 | 2개 | 식초 | ¼컵 |
| | | 설탕 | 2큰술 |
| | | 소금 | 2큰술 |

❶ 병아리콩, 키노아, 렌틸콩은 삶아 물기를 빼세요.

❷ 청양고추는 송송 썰어주세요.

❸ 식초물 재료를 분량대로 넣고 끓이세요.
피클용 스파이스는 대형마트나 백화점에서 구입할 수 있어요.

❹ 곡물과 청양고추를 통에 담고 ③을 부으세요.
식촛물이 뜨거울 때 부으세요.

❺ 하루 정도 냉장고에 둔 후 드세요.
한 번 만들어두면 3일 정도 보관 가능해요.

# 채식 만두

👤 30개분

🕐 30분

| 렌틸콩 | 6큰술 | 애호박 | 1개 |
| 아마시드 | 2큰술 | 부추 | 40g(½줌) |
| 키노아 | 4큰술 | 두부 | 1모 |
| 숙주 | 250g(3줌) | 만두피 | 30장 |

Lentil + Flax Seed + Quinoa

고기 없이 채소와 곡물만으로 만두를 빚어도 담백하고 맛있답니다.
냉동실에 쟁여두고 식사로 간식으로 마음껏 즐겨보세요.

1. 렌틸콩, 아마시드, 키노아는 삶은 후 물기를 빼세요.

2. 숙주는 끓는 물에 30초 정도 데치고 물기를 빼세요.

3. 애호박, 숙주, 부추를 잘게 다지세요. 두부는 물기를 빼고 으깨세요.

4. ①과 ③을 고루 섞으세요.

5. 만두피에 ④를 한 수저씩 떠서 넣고 만두를 빚으세요.

6. 따끈하게 찐 후 간장에 찍어 드세요.
   보관용으로 만들 때도 한 번 찐 후 냉동하세요.
   냉동실에서 6개월 정도 보관 가능합니다.

# 와일드 라이스 떡갈비

역시나 냉동실에 쟁여두면 참 유용한 떡갈비! 도시락 반찬으로도 좋고 손님상에 내놓아도 손색이 없어요.

👤 8개 분량
🕐 30분

| | | | |
|---|---|---|---|
| 와일드라이스 | 4큰술 | 소금 | 약간 |
| 떡국떡 | 200g(2줌) | 후춧가루 | 약간 |
| 다진 소고기 | 400g(4줌) | 데리야키 소스 | 적당량 |
| 다진 마늘 | 1작은술 | 실파 | 적당량 |
| 다진 파 | 2작은술 | | |

❶ 와일드라이스는 삶은 후 물기를 빼세요.

❷ 떡국떡은 굵게 다지세요.

❸ 삶은 와일드라이스와 다진 떡국떡, 다진 소고기, 다진 마늘, 다진 파, 소금, 후춧가루를 고루 섞으며 치대세요.

❹ 한 입 크기로 모양을 만드세요.

❺ 프라이팬에 굽고 냉동하세요.
   속까지 완전히 익히세요. 냉동실에서 6개월 정도 보관 가능합니다.

❻ 그때그때 따뜻하게 데워 데리야키 소스와 실파를 곁들여 드세요.

### Lentil + Quinoa

곡물들을 파우더 타입으로 만들어 두세요. 선식처럼 먹어도 되고 요리할 때 양념처럼 어디든 넣을 수 있지요. 샐러드나 요리의 토핑으로도 뿌려주세요.

👤 **10회 분량**
🕐 **30분**

| | |
|---|---|
| 렌틸콩 | ½컵 |
| 키노아 | ½컵 |

❶ 키노아를 물에 1시간 이상 불리세요.

❷ 키노아의 물기를 뺀 후 프라이팬에 기름 없이 볶으세요.

❸ ②를 한 김 식힌 후 믹서에 곱게 갈아주세요.

❹ 체에 한 번 거른 후 굵은 알갱이는 다시 갈아주세요.

❺ 렌틸콩도 물에 1시간 이상 불린 후 물기를 빼고 프라이팬에 기름 없이 볶으세요.

❻ 렌틸콩 역시 한 김 식힌 후 믹서에 갈고 체에 거르세요. 굵은 알갱이는 다시 갈아주세요.

다른 곡물들도 같은 방법으로 파우더로 만들어 보관하면 됩니다.

 Index

귀리 키노아 렌틸콩 치아시드 병아리콩
아마시드 아마란스 와일드라이스를 맛있게

# 슈퍼 곡물 레시피


**초판 1쇄**　　2015년 2월 25일

**지은이**　　문인영

**발행인**　　노재현
**편집장**　　이정아
**책임편집**　　손영미
**디자인**　　권오경 김아름
**조판**　　김미연
**마케팅**　　김동현 김용호 이진규
**제작**　　김훈일

**사진**　　정영주(vaselinej@gmail.com)
**푸드스타일링**　　문인영
　　　　어시스트 김가영, 황규정, 강희연

**인쇄**　　웰컴 P&P
**펴낸 곳**　　중앙북스(주)
**등록**　　2007년 2월 13일 제2-4561호
**주소**　　(100-814) 서울시 중구 서소문로 100(서소문동) J빌딩 3층

**구입 문의**　　(02) 2031-1303
**내용 문의**　　(02) 2031-1366
**팩스**　　(02) 2031-1399
**홈페이지**　　www.joongangbooks.co.kr

© 문인영, 2015
ISBN 978-89-278-0617-2  13590

# 슈퍼곡물을 간편하게! 빠르게! 먹는 법

쌀과 찹쌀을 가마솥 직화방식으로 쪄낸 후
밥알 한알 한알 개별 급속 냉동하여 재료 고유의 맛과 향이 살아있는~

## 퀴노아 영양밥

5,900원 (400g, 2인분)

퀴노아, 찹쌀, 기장, 밤, 병아리콩, 무 등 몸에 좋은 곡물 재료를 듬뿍 넣어 따뜻하고 든든한 영양밥.
밤과 얇게 저민 아몬드로 씹는맛 또한 일품입니다!

## 단호박 영양밥

5,900원 (400g, 2인분)

렌틸콩, 단호박, 찹쌀, 흑미, 새송이버섯, 연근 등 몸에 좋은 재료에 슴슴한 양념을 살짝 더해 따뜻하고 든든한 영양밥.
국산 쌀에 흑미와 기장을 넣어 고소하고 건강해요!

전자레인지 3분 30초! 후라이팬에 물 2숟가락 넣고 4분! 간편 완성

우리 가족
건강 간편식

추운 겨울 아침
든든한 아침밥

밥할 시간 없이
바쁜 자취생 건강식

우리 아이
브레인푸드

다이어트
고단백 식단

간편해서 뚝딱!
여행 · 나들이 · 캠핑밥